MÉMOIRE

PRÉSENTÉ PAR LA

BOUCHERIE DE PARIS.

MÉMOIRE

PRÉSENTÉ PAR LA

BOUCHERIE DE PARIS,

A LA

COMMISSION

Créée en 1850

Pour examiner *toutes les questions* relatives à ce commerce,

L'ordonnance royale de 1825 était *illégale*; l'ordonnance royale de 1829 est seule *légale*,
(Rép. de M. Franck-Carré. 24 juin 1831.)

L'ordonnance de 1829 constitue le dernier état des règlements SUPÉRIEURS en cette matière.

(M. Dumas, ministre du commerce, au Conseil général de l'agriculture, du commerce et des manufactures).

PARIS

IMPRIMERIE CENTRALE DES CHEMINS DE FER, DE NAPOLÉON CHAIX ET C⁰,
Rue Bergère, 20, près du boulevart Montmartre.

1850.

MÉMOIRE

présenté par la

BOUCHERIE DE PARIS,

A LA

COMMISSION

Créée en 1850

Pour examiner toutes les questions relatives à ce commerce.

[footnote: illegible]

PARIS

IMPRIMERIE CENTRALE DES CHEMINS DE FER, DE NAPOLÉON CHAIX ET Cⁱᵉ,

Rue Bergère, 20, près du boulevart Montmartre.

1850.

AVANT-PROPOS.

Ce Mémoire avait été préparé pour une Commission que le gouvernement avait instituée à l'effet d'examiner *toutes les questions relatives au commerce de la boucherie*.

La veille même du jour où cette Commission devait tenir sa première séance, nous avons entendu plusieurs journaux, dont les rapports avec l'autorité ne sont pas un secret, jeter un cri de *liberté* (en matière de boucherie seulement, car ce n'est pas leur habitude en toute autre matière), et faire appel aux passions, avec cette devise : LA VIANDE A BON MARCHÉ !

La viande à bon marché existe pour les classes ouvrières et gênées ; il y en a dans tous les étaux des bouchers de Paris, à 30, 35 et 40 centimes, et de meilleure qualité qu'à la criée. Aussi ce ne sont pas ces classes, ces familles qui se plaignent. Seraient-ce les consommateurs aisés, qui veulent les premiers morceaux, et qui ne voudraient les payer qu'au prix des morceaux secondaires ?

Est-ce là de la justice, de la philanthropie ? L'égoïsme ne se cache-t-il pas sous l'apparence de la popularité ? Le pauvre doit-il payer pour le riche ?

Nous ne ferons ici qu'un rapprochement de chiffres, concluant pour les esprits les moins cultivés, ou les plus prévenus.

Quand un bœuf revient sur pied, au marché de Poissy, à 9 sous 1/2 ou 10 sous la livre, ne faut-il pas qu'on vende certains morceaux, à l'étal, 55, 60 ou 70 centimes (et ce sont les bons morceaux), pour pouvoir vendre les autres à 45, 40 et 35 centimes ?

Le riche veut-il payer le morceau d'élite au prix du morceau inférieur qu'achète le pauvre?

Y a-t-il moyen d'établir un chiffre égal entre des qualités différentes ?
Ne faut-il pas retrouver, par la surenchère des bons morceaux, ce que l'on perd sur le débit des autres, puisque le prix d'achat a été de 50 centimes pour tous, confusément?

Aussi, redisons-le, ce n'est pas le pauvre qui vient se plaindre. Il trouve chez son boucher des morceaux et des prix à sa convenance.

Les réclamations viennent de plus haut. Voyez le point de départ des articles de journaux : *Comment peut-on payer de la viande 70 centimes?*

Oui, l'on paye 70 centimes la viande de choix, et c'est le riche qui paye la préférence qu'il demande. Est-ce qu'il n'y a pas, dans tous les commerces, de la marchandise à tout prix, et a-t-on jamais imaginé de niveler le prix d'une étoffe fine au prix d'une étoffe grossière?

Oui, l'on paye de la viande 45, 40 et 35 centimes, et c'est l'ouvrier qui la trouve à ce prix, chez le boucher, sans réclamer jamais! Et aucune criée ne lui donnera de meilleure viande à plus bas prix.

Voilà toute la question de la différence des prix entre le riche et le pauvre, c'est-à-dire entre les morceaux de choix et les morceaux inférieurs.

Cela existe en toute industrie. Et on n'a jamais songé à s'en plaindre que pour la boucherie.

Les boulangers n'ont-ils pas eux-mêmes, quoique limités et réglementés comme nous, du pain à des prix divers, selon la farine ou selon la fantaisie?

Qu'est-ce donc que cette clameur qui ressemble à un mot d'ordre donné. Par qui, et pourquoi? Nous le dirons peut-être.

Est-ce une question économique? Nous sommes prêts à la traiter et à la soutenir.

Est-ce une question administrative? L'intérêt d'une administration éclairée serait conforme au nôtre, car il s'agit pour elle de la sécurité de l'approvisionnement. Tous les gouvernements l'avaient reconnu jusqu'à ce jour.

Est-ce une question politique, comme en 1825, où l'on n'avait voulu que se concilier des suffrages électoraux?

Oh! alors, malheur à un pays où les vrais intérêts du peuple seraient soumis à de pareilles considérations! où l'on chercherait de la popularité aux dépens de la vérité!

Un jour, la vérité reprend ses droits, et la popularité s'évanouit!

Quoi qu'il en soit, si la Commission, à laquelle on avait renvoyé l'examen de ces intérêts, est interrompue dans l'exercice de ses fonctions, la question (qu'on essaierait de trancher légèrement par des décisions exécutives) reviendra forcément à la puissance législative, seule compétente en la matière; car la boucherie est organisée par la loi, et la loi seule peut changer son organisation.

Ce Mémoire, préparé pour une commission spéciale, deviendra donc, en même temps, un document à l'appui de notre recours au conseil d'Etat, si ce recours est nécessaire, ou un exposé à produire devant l'Assemblée législative, quand elle sera saisie d'un projet.

Nous espérons encore que M. le Ministre de l'agriculture, averti par l'exemple de 1825, et se faisant représenter le texte des lois écrites, reconnaîtra qu'il y a lieu de porter dans l'examen des questions relatives à la boucherie une attention scrupuleuse, et saura se défendre contre la surprise qu'on voulait lui faire au moyen d'une précipitation sans motifs et sans excuse.

Nous demandons une enquête sérieuse, une discussion sincère, et nous y apporterons notre tribut, en honnêtes gens, avec franchise, avec loyauté.

On s'est mépris sur notre position légale, et on a couru le risque de commettre une faute. La légalité est pour nous. Mais cela ne suffirait pas, car on peut changer la loi. Il faut, dans ce siècle, avoir pour soi la raison et l'équité. C'est à ces deux puissances, toutes morales, que nous en appelons.

Non, ce n'est pas un monopole que nous défendons, car nous proposons nous-mêmes un moyen de conciliation satisfaisant pour tous les intérêts. Nous défendons une industrie honorable, utile au peuple, indispensable à l'approvisionnement de la capitale, et entourée d'une considération méritée dès longtemps par le travail et la probité.

Qu'on nous entende, et beaucoup de préjugés, inspirés par l'ignorance des faits, seront dissipés, et le mot monopole s'évanouira !

CHAPITRE PREMIER

EXPOSÉ.

Il y a huit mois , pressés par le danger qui menaçait le commerce de la boucherie, nous avons adressé à M. le Ministre de l'agriculture et du commerce un *recours administratif*, dans les termes fixés par la loi , contre quatre ordonnances et arrêtés rendus en 1848 et en 1849 par deux préfets de police, prédécesseurs de M. le préfet actuel.

Les observations fournies par nous, à l'appui de ce *recours*, portaient un caractère d'évidence qui ne nous permettait pas de douter du succès. Mais le commerce de la boucherie ne fait pas d'opposition systématique à l'administration. Celle-ci ayant pris la résolution de réunir en commission spéciale des hommes éclairés, des chefs de service, des économistes distingués, pour faire débattre, par eux et devant eux, *toutes les questions qui se rattachent à la boucherie*, il a suffi de cette démonstration pour suspendre nos démarches, pour nous décider à ajourner nos réclamations, en les réservant pour les juges, pour les jurés que l'autorité instituait.

Malheureusement, l'administration n'a pas interrompu, comme nous, son action ; elle a continué à favoriser le développement de la concurrence inégale dont nous nous étions plaints. Ainsi, les choses ne sont restées en l'état que de notre côté, jusqu'à la réunion des commissaires; mais nous aurons prouvé une fois de plus, pour notre part, un bon vouloir qui va trop souvent jusqu'à la résignation, et une confiance respectueuse pour l'autorité, même quand elle est prévenue, quand elle est égarée.

C'est donc à la Commission qui représente aujourd'hui pour nous l'autorité du Conseil municipal, des deux préfectures, et des deux ministères desquels relève le commerce de la boucherie, que nous soumettons ce *Mémoire*, qui pourra servir d'élément au *programme* qu'elle se proposera sans doute à elle-même, pour régler ses délibérations. Nous apportons à cet examen préparatoire (qui deviendra, nous l'espérons, une enquête définitive), des faits, des chiffres, des documents, des principes, des griefs même, mais aussi, et surtout, des preuves concluantes de notre dévouement au bien du service, et de l'injustice des accusations intéressées dont nous sommes l'objet. Depuis huit mois, nous avons abdiqué une réclamation fondée, et les agents inférieurs de l'administration n'ont point renoncé, en retour, à une hostilité systématique. La partie n'est pas égale ; elle ne l'est pas plus que la concurrence qu'on nous oppose. Eh bien, nous l'acceptons telle qu'elle, persuadés d'avance que de la conscience des membres de la Commission sortira l'approbation de nos actes, la confirmation de nos droits, la réparation des torts dont nous avons souffert.

De graves questions, étrangères en apparence à l'*organisation de la boucherie* de Paris, se rattachent cependant d'une manière indirecte à celle qui nous préoccupe :

Les questions d'*octroi*, en ce qui concerne le *droit par tête ou au poids*, et l'influence des *taxes* sur le marché ;

La question de *douanes*, en ce qui touche l'*introduction*, plus ou moins tarifée, des *bestiaux étrangers* ;

La question de la *garantie notaire* des bestiaux amenés sur les marchés de Sceaux, de Poissy et de la place aux Veaux ;

D'autres encore, plus ou moins relatives à celle de la réglementation de la boucherie parisienne, et que la Commission rencontrera dans le cours de ses délibérations.

Déblayons d'abord le terrain de notre *Mémoire* de ces questions plus générales.

La garantie de neuf jours à la charge des vendeurs a été confirmée par un arrêt de la Cour de cassation, qui a maintenu l'état de choses existant. Nous y consacrerons toutefois un chapitre spécial, puisqu'on y revient encore, et nous proposerons un moyen de conciliation praticable.

Quant à l'entrée libre des bestiaux étrangers, le Conseil municipal de Paris et le Conseil général du département demandaient dès longtemps, avec insistance, la réforme du régime douanier. L'Assemblée législative sera saisie de l'examen d'un projet de loi dans la session courante ; nous y rattacherons quelques observations, au point de vue de la boucherie seulement. La Commission renferme dans son sein des économistes qui sauront donner à cette question toute son étendue, au point de vue général et national. Les lois de douane sont toujours des lois politiques.

A l'égard de l'octroi, les organes de l'agriculture réclamaient contre les octrois des villes, et particulièrement contre le mode de perception de l'octroi de Paris. On soutenait que la perception par tête avait pour effet d'éloigner de nos marchés d'approvisionnement le petit ou le moyen bétail, tandis que la perception au poids, en égalisant les charges sur toutes les sortes, aurait pour résultat d'amener sur les marchés une plus grande concurrence de vendeurs, et fournirait aux cantons qui n'élèvent que de petites races de bestiaux un débouché pour leurs produits.

Cette question a été résolue en 1846. Mais l'administration ne peut se rendre un compte exact de l'influence que la décision adoptée a pu exercer sur la production et sur la consommation. Il faut, pour établir des calculs justes sur les mouvements qu'un changement de législation opère dans l'élève et le commerce des bestiaux, la période d'une éducation complète, sept à huit ans. On ne pourra donc bien apprécier qu'en 1854 les résultats de la loi du 10 mai 1846.

Quant aux droits d'octroi et autres, ils exercent une grande influence sur notre commerce. L'administration qui veut supprimer les *intermédiaires* entre la viande sur pied et la viande à l'étal, devrait bien songer à l'intermédiaire le plus onéreux de tous, *à l'impôt !* (Abattoirs, octrois et Caisse de Poissy.) Ces impôts réunis s'élèvent sur un bœuf, par exemple, à 46 fr. 65 cent. Croit-on que leur suppression ou leur diminution ne contribuerait pas plus puissamment que toute autre mesure à résoudre ce grand problème, qu'on pose aujourd'hui si bruyamment, de *la viande à bon marché ?*

Reste donc principalement à examiner, à décider par la Commission de 1850 la question qui nous est propre, celle de *l'organisation de la boucherie.*

C'est une enquête sérieuse et complète qui lui est confiée. Nous en avons pour garant l'arrêté d'institution rendu par M. le Préfet de la Seine. *La Commission est chargée* (ce sont les termes de son mandat) *d'étudier dans leur ensemble et dans leurs détails,* TOUTES LES QUESTIONS RELATIVES AU COMMERCE DE LA BOUCHERIE, *et à l'approvisionnement en viande de la ville de Paris, et de* PROPOSER, *s'il y a lieu, toutes les mesures propres à assurer cet approvisionnement, aux conditions les moins onéreuses pour la ville et pour ses habitants.*

Il n'y a pas de bornes, on le voit, aux *investigations* et aux *propositions* de ce comité d'enquête. Nous ne mettrons donc pas de réticences dans nos explications, pas de timidité dans l'expression de nos griefs.

Il semble, d'un autre côté, que le ministère de l'agriculture et du commerce ait voulu pour sa part, si ce n'est limiter, au moins préciser tous les points de la discussion, en posant au *Conseil* (purement consultatif) *de l'agriculture, du commerce et des manufactures,* une série d'*interrogations* auxquelles des intérêts privés ont répondu, à leur point de vue étroit et personnel, et que la Commission actuelle (commission gouvernementale et administrative) est chargée d'examiner au point de vue général. Le Conseil dont il s'agit pouvait faire des *vœux*, la Commission doit faire des *propositions.*

Peut-être n'est-il pas inutile de replacer sous les yeux de la Commission les *dix interrogations* posées par M. le Ministre de l'agriculture, puisque notre *Mémoire* est destiné à répondre à toutes celles de ces demandes qui nous touchent le plus près.

Voici dans quel ordre le Ministre a résumé ses questions au Conseil de l'agriculture, dans sa session de 1850 :

1º Faut-il laisser subsister le droit de taxer la viande de boucherie, conservé provisoirement aux maires par l'article 30 de la loi des 19-22 juillet 1791 ?

2º Faut-il maintenir ou abolir la limitation du nombre des bouchers de Paris ?

En cas d'abolition, quel moyen faut-il employer afin de prévenir (pour les premiers temps) une trop grande perturbation dans le commerce de la boucherie ?

Ne conviendrait-il pas, au lieu de fixer transitoirement un maximum d'admission, comme on l'avait fait en 1825, de se borner à augmenter le cautionnement pour la caisse de Poissy, en n'appliquant cette mesure qu'aux bouchers qui s'établiraient ou achèteraient un fonds à l'avenir ?

3º Doit-on maintenir un syndicat pour les bouchers de Paris ?

4º Faut-il maintenir un système de marchés spéciaux pour la boucherie de Paris ?

5º Y a-t-il lieu de conserver l'institution de la caisse de Poissy ?

Doit-elle être un intermédiaire obligé ou seulement facultatif pour l'acheteur et le vendeur ?

Si l'usage en devait être facultatif, ne conviendrait-il pas d'en faire une institution commune à la boucherie des autres localités du département de la Seine, et même à celles du département de Seine-et-Oise, sauf les garanties nécessaires, et une répartition proportionnelle des frais de gestion entre les deux départements ?

Quelles devraient être les conditions, la durée et les garanties du crédit à accorder par la caisse ?

6º Doit-on maintenir la défense des reventes de bestiaux sur pied ?

Ne faut-il pas distinguer, à cet égard, entre deux hypothèses : celle où l'on conserverait, et celle où on abolirait le système des marchés spéciaux et obligatoires ?

7º Y a-t-il lieu de prohiber le commerce dit *à la cheville* ?

8º Y a-t-il lieu de modifier les dispositions existantes, quant à la garantie pour la mort naturelle des bestiaux vendus aux bouchers de Paris ?

Quelles modifications devront être admises à cet égard ?

9º L'intérêt général est-il dans le maintien du régime établi quant à la vente de la viande sur les marchés, et la faculté d'apport des forains du domicile de leurs pratiques, ou, au contraire, dans des modifications à ce régime ? Dans ce dernier cas, quelles seraient les modifications désirables ?

10º Dans quelles formes devront être prises les dispositions à intervenir sur le commerce de la boucherie à Paris ? Quelles distinctions conviendrait-il de faire à cet égard ?

Ces questions sont nettement posées. Nous répondrons à celles qui concernent la boucherie de Paris.

En attendant, qu'il nous soit permis de prendre acte d'une omission faite à dessein, nous aimons à le croire, par M. le Ministre. Il n'a pas parlé de la vente à la criée, et ne l'a pas admise, dès-lors, comme un élément naturel et nécessaire des discussions actuelles, comme une condition du commerce de la viande sur pied ou en détail. C'est un grand acte de sagesse que de ne pas céder à la passion du moment, à cette vogue (heureusement passagère) qui entraîne trop souvent de bons esprits dans le courant du jour. Le Ministre abandonne, comme nous, à l'expérience pratique, une innovation contre laquelle nous pouvons nous armer déjà de son silence ; nous l'en remercions.

Des *rapports* plus ou moins impartiaux et désintéressés ont été rédigés dans le sein du *Conseil d'agriculture* ; la Commission en prendra connaissance, et au ton résolu et ardent de ces *rapports*, elle jugera que si leurs auteurs reprochent à la boucherie de Paris de défendre un intérêt privé, ils ne se montrent pas, eux, trop préoccupés de l'intérêt public ; à cet égard, ils n'auraient rien à nous reprocher.

Aussi nous en appelons avec confiance, de ces *vœux exclusifs*, mais sans caractère légal, aux délibérations officielles de la Commission. Peut-être est-ce un inconvénient du régime de discussion illimitée qu'on a tant encouragé depuis 35 ans, que ces *avis officieux* d'agrégations d'intéressés auxquels on demande des conseils en dehors des représentants avoués de tous les droits. Remarquons, en effet, que les *conseils généraux* d'agriculture, les *congrès*, les *comices*, les *sociétés* agricoles, composés de propriétaires libres, et principalement soigneux de leurs intérêts de localité ou de fortune, se trouvent le plus souvent en contradiction sur les questions économiques avec les corps constitués, qui, à des titres divers, sont chargés de subordonner tous les vœux, toutes les prétentions à l'intérêt général.

Nous n'accusons personne. Tout membre d'une société libre, d'un conseil consultatif, a le droit d'exprimer une opinion, son opinion personnelle sur les questions qui lui sont soumises ; mais il n'a, pour les traiter, que son expérience propre, ses lumières, sa théorie ou sa pratique. Et c'est précisément parce que toutes ces consultations locales, et plus ou moins collectives, ne sont que des vœux privés, des vœux individuels, que l'autorité, chargée de les recueillir, de les examiner et de les critiquer, pour en faire sortir une formule générale à convertir en loi ou en règlement, tire presque toujours de tant d'opinions exclusives et contradictoires, des convictions et des décisions peu conformes à la plupart des vœux exprimés. C'est que, en effet, l'Administration doit soumettre les intérêts personnels aux nécessités nationales, et les affaires de localité à l'économie générale de l'État. La Providence ne procède pas autrement. A côté du maraîcher qui lui demande de la pluie, se trouve le vigneron qui implore le soleil. Ces prières individuelles viennent se perdre dans l'ensemble des lois physiques préétablies, qui distribuent en masse les bienfaits des saisons sur l'ensemble des cultures, sans tenir compte des sollicitations isolées.

Il ne faut donc pas s'étonner que l'administration et les conseils légaux ou les commissions administratives procèdent souvent et concluent dans un sens opposé à l'esprit des rapports émanés de comités consultatifs ou de sociétés libres.

Dans ces réunions, on n'a qu'un point de vue limité et par conséquent exclusif. C'est ordinairement l'homme le plus versé dans la matière qu'on choisit pour rapporteur ; mais, par cela même qu'il est le plus spécial, n'est-il pas naturellement le plus partial ? Ce n'est pas le tort de la personne, c'est l'inconvénient de la position.

Dans les commissions gouvernementales ou municipales, la question, au contraire, se généralise, par la comparaison avec d'autres questions qui s'y rattachent, avec d'autres intérêts qu'elle atteint, et avec la législation générale. Ne nous effrayons donc pas des conclusions sévères que certains rapporteurs ont rédigées dans des conseils privés ; n'y attachons pas trop d'importance. Ici, devant des magistrats qui appartiennent au conseil légal de la ville de Paris, nous sommes rassurés.

Après la *circulaire* de M. le Préfet de la Seine ;

Après la *notice* de M. le Ministre de l'agriculture ;

Après les *rapports* officieux des sous-commissions du Conseil d'agriculture et du Congrès agricole ;

Après les *ordonnances royales* de 1825 et de 1829, la première abrogée, la seconde inexécutée ;

Et les *ordonnances de police* de 1830, 1848 et 1849 ;

La Commission a donc sous les yeux, comme documents propres à l'éclairer :

Le *rapport* de M. Boulay, de la Meurthe, au *Conseil municipal* de 1841, sur un projet d'ordonnance qui lui avait été soumis en 1841 par M. le Ministre du commerce, rapport rempli de renseignements précieux, de documents authentiques et animé d'un esprit de justice et de bienveillance dont nous revendiquerons souvent les témoignages devant la Commission actuelle.

« Depuis longtemps (disait déjà M. Boulay, de la Meurthe, en 1841), le commerce de la bouche-
» rie fait entendre, touchant l'état de souffrance dans lequel il est tombé, des plaintes qui se réi-
» tèrent chaque année, avec une vivacité nouvelle (1). Son syndicat allègue que les ordonnances
» qui le concernent ne sont pas exécutées en ce qu'elles ont de tutélaire, cependant qu'elles sont
» accomplies dans leurs dispositions rigoureuses............ Il est impossible de contester que la souf-
» france de ce commerce ne soit réelle et que les plaintes de son syndicat ne soient fondées. »

Aux documents que nous venons d'énumérer, nous joignons notre *Mémoire*.

Cet ensemble paraît tracer d'avance le programme de l'enquête qui va s'ouvrir.

Elle sera complétée, dans tous les cas, en ce qui nous concerne, et dans ce que nos explications préalables auraient d'insuffisant, par les éclaircissements que l'organe naturel de nos intérêts pourra fournir à la Commission dont il fait partie.

Et à ce sujet, nous devons remercier M. le Préfet de la Seine d'avoir témoigné son impartialité, son désir sincère de chercher le vrai et le possible, en appelant notre syndic, non plus seulement comme témoin, mais comme membre délibérant, dans le sein de cette Commission. Nous en ressentons l'honneur en parcourant la liste de ses collègues ; et de la part de l'administration, c'est une preuve de confiance à laquelle nous répondrons par une confiance égale.

Disons-le hautement, avec regret, mais avec courage, c'est un des caractères funestes de nos jours de révolution que cette manie de remettre sans cesse en discussion des questions vingt fois agitées, vingt fois résolues ; c'est là l'origine de cette instabilité désastreuse dont tout le monde se plaint, et à laquelle tout le monde concourt en s'attaquant à tout ce qui existe, et en ne poursuivant, sous le prétexte de progrès, que des changements stériles, quand ils ne sont pas ruineux. Les fils désavouent la sagesse des pères. Les novateurs se rient de l'expérience. On recommence tout, comme si tout était à créer. C'est ainsi que les États tombent en dissolution.

Il n'y a cependant, pour eux, de salut et de paix que dans l'esprit de suite et de tradition. Il existe au fond des sociétés un *principe conservateur* (c'était le mot avant 1848), un *principe d'ordre* (c'est le mot depuis 1849) ; un principe *supérieur*, un principe *tutélaire* : c'est celui de *l'exécution des lois existantes tant qu'elles ne sont pas abrogées.*

Or, pour revenir à ce qui nous concerne, pourquoi manque-t-on à l'exécution de ce principe envers nous plutôt qu'envers tous autres citoyens, toutes autres professions ?

Des ordonnances royales violent des lois (l'ordonnance de 1825).

Des ordonnances de police violent des ordonnances royales.

Des arrêtés violent des ordonnances de police.

La pratique viole les arrêtés.

Où s'arrêtera ce système ?

Que voulait, que devait vouloir l'administration publique en matière de boucherie ?

Assurer aux consommateurs un service régulier de viandes salubres, au meilleur marché possible.

Ainsi, trois conditions devaient être assignées d'avance au mode de vente dont on voulait faire l'essai :

L'abondance sur le marché,

La bonne qualité de la marchandise,

Et une réduction de prix, à mérite égal des morceaux.

(1) C'est qu'en effet, de 1829 et 1830 à 1841, on s'appliquait chaque jour à neutraliser les effets salutaires de l'ordonnance du 18 octobre, en aggravant ses prescriptions rigoureuses. Et cependant à cette époque on n'avait pas encore inventé la con-currence illimitée des forains ni la vente à la criée. Qu'est-ce donc aujourd'hui ?

On verra si ces conditions ont été remplies, et si elles pouvaient l'être.

Le moyen employé par l'administration pour obtenir de tels résultats, c'est la concurrence: concurrence des marchands forains et des éleveurs eux-mêmes avec les bouchers de Paris.

Mais il n'y a de vraie concurrence qu'à égalité de moyens.

L'administration ne pouvait avoir la pensée de créer une lutte inégale et par conséquent déloyale.

Or, il n'y a ni égalité de droit, ni égalité de chances, ni égalité de charges, entre les marchands forains et les bouchers de Paris: c'est ce que nous prouverons facilement.

Il ne peut donc pas y avoir de *concurrence* vraie, telle que l'administration entendait la créer, en interprétant l'ordonnance constitutive de la boucherie.

Voilà pour la question de droit.

Quant aux deux questions de fait, de la qualité des viandes et de leur prix, l'expérience de chaque jour a déjà répondu; elle éclairera bientôt tout le monde.

Resterait encore la question d'intérêt général, celle de l'assurance donnée à la ville, que le marché serait toujours fourni exactement et abondamment. Et c'est en cela surtout que l'on s'est éloigné du but; car si l'approvisionnement de Paris pouvait être compromis dans des jours de crise, ce serait par suite même de cette concurrence trompeuse, qui n'approvisionnera jamais que l'abondance et qui désertera la disette.

Telles sont, réduites à peu de mots, les vérités que nous nous proposons de démontrer clairement et impartialement. L'avantage de notre cause, c'est qu'elle est la cause commune, et que nous ne pouvons défendre nos intérêts privés sans défendre en même temps l'intérêt général; on le reconnaîtra.

On le reconnaît déjà. L'organe le plus sérieux de la cause de l'ordre faisait justice, il y a peu de jours, *de ces déclamations contre la boucherie de Paris, qui ne sont pas encore passées de mode; il avouait que le monopole tant dénoncé n'existait pas en réalité, que les bouchers étaient assez rapprochés à l'intérieur de Paris pour que le consommateur ne fût pas limité dans son choix, et qu'il existât entre eux une concurrence suffisante; enfin que, à Paris, le riche payait pour le pauvre.*

Vérité trop méconnue et que nous prouverons par des chiffres! Car c'est là, ce doit être là du moins, le fond de la question; c'est ce but que nous nous sommes toujours proposé; c'est le résultat que nous avons obtenu. Aussi ce ne sont pas les pauvres qui se plaignent de la boucherie de Paris, et ce qu'il faut ajouter, et ce qu'on sera forcé d'avouer, ce ne sont pas les pauvres qui profitent de la fausse concurrence qu'on a suscitée contre nous.

CHAPITRE II.

DISCUSSION GÉNÉRALE, DE 1824 à 1850.

Ce n'est pas d'aujourd'hui que nos réclamations sont élevées et débattues ; c'est d'aujourd'hui seulement (nous venons d'en remercier l'autorité) qu'elles seront discutées contradictoirement, et que l'organe de nos intérêts pourra répondre jour par jour, note par note.

Il y aura controverse, il y aura enquête : nous ne craignons ni l'une ni l'autre.

Parcourons rapidement la série des discussions qui ont eu lieu sur la boucherie de 1824 à 1850.

Dès 1824, les questions étaient à peu près les mêmes qu'aujourd'hui.

Les éleveurs ou plutôt les commissionnaires, faisant le commerce de seconde main (1), se plaignaient de la baisse des prix des bestiaux, et l'attribuaient à ce que la concurrence des acheteurs sur le marché diminuait successivement par l'effet du commerce en gros, dit *commerce à la cheville*, qui prenait de jour en jour plus d'extension (2).

Mais les réclamants oubliaient dès lors, comme aujourd'hui, que la baisse de prix dont ils souffraient provenait aussi en grande partie de l'extrême diminution survenue dans le prix du suif (3), qui dépréciait les bestiaux, et frappait particulièrement sur les producteurs de bonne qualité. Ajoutons que le prix des herbages, plus que doublé, augmentait leurs pertes.

Toutefois, l'autorité, cherchant un remède au mal réel qu'éprouvaient les éleveurs, ordonna la suppression du commerce *à la cheville*, et enjoignit à tous les bouchers de s'approvisionner sur les marchés mêmes. Cette mesure procura une augmentation momentanée. Nous en parlerons dans un chapitre spécial. Mais il y avait, sur les marchés, de telles habitudes, il y a dans la distribution des capitaux une telle inégalité, et les besoins réels d'une partie des marchands sont si impérieux, que, malgré la suppression de la cheville, en principe, elle a presque toujours continué de s'exercer en fait, et que, nous le voyons aujourd'hui, l'administration n'a pas fait autre chose, par l'établissement de la criée, que de transporter la cheville, des abattoirs au marché des Prouvaires ; c'est ce que prouvent les ventes quotidiennes par bœufs et demi-bœufs, veaux et moutons, entiers ou par moitié. Le marché des Prouvaires ne fait que le *regrat* si souvent condamné par l'administration. Aussi, la baisse du prix des bestiaux s'est de nouveau manifestée sans que, cependant, la baisse du débit en détail, en ait résulté, si ce n'est pour les viandes de qualité insalubre ou mauvaise.

Après cette première tentative, on imagina de recourir, toujours dans le même but, à la concurrence des bouchers forains, à laquelle on donna une nouvelle extension. On avait pourtant presque sous les yeux (car cela remontait à peu d'années) l'exemple du désordre qu'avait produit un trop grand nombre de distributeurs de viande à Paris. La cherté était devenue telle que les morceaux inférieurs se vendaient

(1) Ce qu'il y a de certain, c'est que, à cette époque, il venait fort peu de propriétaires de bestiaux sur les marchés, et qu'ils en étaient détournés par les manœuvres d'une compagnie qui s'était formée alors dans l'intention d'envahir le commerce des bestiaux et de se rendre maîtresse de l'approvisionnement des marchés. Il fallait bien que cette compagnie se couvrît de ses frais et de ses bénéfices sur le prix de vente des éleveurs, puisqu'elle ne pouvait le faire sur les prix d'achat des consommateurs. La tuerie de Bagnolet succède, en 1850, à la compagnie de 1824.

(2) Or, la criée, qu'on vient d'établir en 1850, n'est elle-même qu'une *cheville* organisée.

On appelle *commerce à la cheville*, le commerce du boucher qui fournit en demi-gros ceux de ses confrères qui ne vont pas au marché.

(3) On évaluait de 7 à 8 millions la perte pour l'agriculture de la diminution du prix du suif, pendant l'année 1823, et, encore, pour les bestiaux débités par les bouchers de Paris, seulement (dont 5,050,000 francs pour les bœufs et vaches, et le tiers pour les veaux et moutons).

ce qu'on vend aujourd'hui les morceaux choisis, et tout entrait dans les pesées, foies, rates, poumons, pieds de bœuf et même têtes de mouton. Et la cherté ne garantissait pas encore contre l'insalubrité! Certes, un pareil service n'était pas avantageux au public (1), et il fallait bien cependant que le boucher trouvât le moyen de couvrir ses frais et de subvenir aux besoins de sa famille. Tel avait été, tel sera toujours l'effet d'une concurrence aveugle et disproportionnée.

Eh bien, malgré ces précédents, on rentrait déjà en 1824 dans le même système. On préludait à la fatale ordonnance de 1825. Le nombre des bouchers, qui aurait dû être réduit à 300 d'après le décret impérial, se trouvait arrêté à 370 par des actes préfectoraux, qui refusaient le rachat ordonné de deux étaux pour un, après un sacrifice déjà fait de 1,600,000 fr. La même iniquité, la même spoliation s'est reproduite en 1831, quand il s'est agi de réparer les effets de l'ordonnance de 1825. C'est ainsi que des engagements synallagmatiques ont toujours été contractés entre nous et l'administration, et que nous seuls y sommes restés fidèles (2).

Sur la question d'un approvisionnement assuré, on n'était pas plus raisonnable en 1824 qu'on ne l'est quelquefois aujourd'hui. On comptait sur l'intérêt privé, qui, disait-on, est toujours de vendre, d'acheter et de consommer, et l'on considérait comme superflues les précautions prises par les gouvernements qui avaient fondé, maintenu et protégé la Caisse de Poissy. C'était une de ces illusions de la doctrine du *laissez faire, laisser passer*, appliquée aux denrées exceptionnelles, c'est-à-dire aux denrées alimentaires. L'expérience a démontré, au contraire, que ce qui garantissait l'approvisionnement de la capitale, c'était, pour l'expéditeur, l'assurance du débit sur un grand marché central (Sceaux et Poissy) et la certitude de remporter son argent contre sa marchandise. Que les marchés se multiplient, que le paiement ne soit pas garanti par avance, et l'on verra les expéditeurs se détourner de Paris sur d'autres points où on leur offrira cette sécurité!

Toutes ces questions, mal présentées, mal défendues de 1822 à 1824, inspirèrent l'ordonnance de 1825. Passons sur cette triste épreuve. Nous la discuterons dans un chapitre spécial.

Dès 1828, la réaction était complète dans tous les esprits, et les mêmes intérêts qui avaient poussé à la liberté illimitée du commerce de la boucherie, se retournaient contre les fâcheux résultats de cette expérience, et provoquaient une organisation restreinte et sévère. L'illimitation n'avait élevé cependant le nombre des bouchers qu'à 506, et les herbagers, ceux du Calvados en tête, se montraient les plus ardents à demander que ce nombre fût ramené à 400. Tout le monde était d'accord pour réclamer le maintien (mais par une loi) de la caisse de Poissy, qu'on avait essayé de liquider. De là l'ordonnance du 18 octobre 1829, qui réduisait à 400 le nombre des bouchers de Paris, toujours à la condition du rachat des deux étaux pour un, condition qui ne devait pas être observée la seconde fois plus que la première.

Telle est, en effet, l'instabilité des choses en France, même des choses administratives d'un intérêt gé-

____

(1) « Il s'était établi des boucheries clandestines (dit **M.** Thiers)... Plusieurs bouchers demandèrent une loi qui les autorisât » à résilier les baux de leurs boutiques... Il n'y avait plus de boulangers, de bouchers en titre; tout le monde achetait et reven- » dait du pain et de la viande... Les greniers et les caves étaient remplis de comestibles sur lesquels tout le monde spéculait. La » Convention fut obligée de décréter que les bouchers seuls pourraient acheter des bestiaux. » (*Histoire de la Révolution française*, tome VI, page 317; tome XII, page 441.)

(2) Nous devons faire remarquer que, à l'époque où nous présentions déjà ces observations contre l'augmentation projetée du nombre des bouchers (alors réduits à 370), ou plutôt contre l'illimitation imminente (elle a été ordonnée en 1825), la consommation de Paris ne donnait à chaque étal, terme moyen, qu'un débit de 3 ou 4 bœufs par semaine, et que le commerce des veaux et des moutons n'était à peu près que de l'argent échangé. Qu'en résultait-il? L'abaissement de la valeur des étaux et, par conséquent, celui de la solvabilité des bouchers! Les avances de la caisse de Poissy prouvaient assez la détresse de cette partie du commerce. Qu'est-ce donc aujourd'hui, où le nombre des bouchers est de 501, et où beaucoup d'étaux sont réduits à 2 bœufs de débit pour deux marchés.

néral et permanent, qu'elles sont condamnées à subir l'influence des choses politiques les plus personnelles, les plus passagères. C'est ce qui arriva dès 1831.

A peine l'ordonnance royale de 1829 et l'ordonnance de police de 1830 venaient-elles d'être rendues que la révolution de juillet éclata, et que, après cette révolution, comme après toutes les autres, soit anciennes, soit nouvelles, l'esprit de système, l'esprit de démolition, surtout l'esprit d'envie se déchaîna contre toutes les institutions existantes, grandes ou petites, et que l'on considéra la désorganisation de la boucherie comme une conséquence forcée du renversement d'une dynastie! En vérité, les révolutions seraient bien ridicules, si elles n'étaient pas si tristes!

Dès 1831, en effet, on regarda comme non avenue l'ordonnance de 1829. On refusa le rachat des étaux. On viola ouvertement, un à un, les articles des deux ordonnances de 1829 et de 1830, qui protégeaient nos droits, tout en appliquant ceux qui entravaient notre industrie. Les grands mots de privilége et de monopole retentirent bien haut! C'est-à-dire que l'on confondait à plaisir lés anciennes corporations, exclusives et abusives, avec une communauté qui, même avant 1789, n'avait pas cessé d'être populaire (l'histoire de Paris est là pour le certifier) (1), et qui, depuis 1791, deux fois mutilée, deux fois rétablie, n'était plus qu'une association légale, réglementée, et apportant à l'intérêt général plus de garanties qu'elle n'en recevait dans son intérêt privé. Ce fut pendant quelques années un débordement de principes nouveaux, aussitôt convaincus d'erreur qu'ils étaient mis à l'essai (2). La boucherie ne résista qu'en partie à cette épreuve; elle laissa sur le champ de ces expériences, véritable champ de bataille, la plupart de ses avantages, et la plus grande partie de son capital, jusqu'en 1848, où l'on acheva sa ruine!

Faisons justice en passant, de ces accusations de monopole, si faciles à produire, si difficiles à prouver.

Non, il n'est pas vrai que les bouchers puissent exercer un monopole au détriment du public. Le monopole ne consiste pas, en effet, dans l'exercice d'une profession par un nombre déterminé de personnes, mais dans l'abus que peuvent faire ces personnes de leur position privilégiée. Or, pour que les bouchers puissent abuser de leur position et faire la loi aux consommateurs, il faudrait qu'ils pussent acheter et vendre quand et comme il leur plairait; que, par exemple, il leur fût loisible de profiter de la baisse des bestiaux pour en acheter, et attendre pour leur débit les moments de cherté. Mais c'est précisément ce qui est impossible, par la prévoyance des règlements, et par la nature même de la marchandise. Les règlements interdisent aux bouchers de laisser leur étal dégarni de viande pendant trois jours, sous peine de clôture pendant six mois. Les bouchers sont donc obligés d'acheter chaque semaine, et d'acheter à quelque prix que ce soit, s'ils veulent éviter la perte de leur étal. Obligés d'acheter, ils sont également obligés de vendre tous les jours, et souvent à un prix inférieur au prix d'achat, parce que le danger du dépérissement du bétail par suite de la fatigue et du changement de nourriture, ne permet pas d'en différer l'abattage. Les bouchers ont d'ailleurs intérêt à prévenir la détérioration d'une marchandise qui, dans les temps de chaleur et d'humidité, peut à peine se conserver durant 24 heures. Il n'y a donc au-

---

(1) « On n'a jamais vu les bouchers (dit l'auteur du *Traité de la police,* Delamarre) prendre un parti contraire au bien de l'E-
» tat. Toujours attachés à leurs devoirs, ils ont rempli, et remplissent encore avec beaucoup de zèle et de travail une profession
» que les anciens ont estimée, et que nous estimons comme eux, l'une des plus importantes au bien public, et des plus nécesaires
» au soutien de la vie. Nous devons rendre cette justice à ceux qui exercent aujourd'hui cette profession avec tant de fidélité,
» d'exactitude, et de soumission aux lois. » (Tome II, page 561.)
Assurément, on ne parlait pas ainsi des corporations abusives détruites en 1791.

(2) Les syndicats qui ont précédé celui de 1850 n'ont pas manqué à la défense de nos droits. D'excellents travaux ont été rédigés et publiés par eux, ainsi que des mémoires adressés aux ministres, et des pétitions aux chambres. Plusieurs de nos honorables confrères, en dehors des syndicats, ont contribué, par des notes nombreuses, soit insérées dans les journaux, soit imprimées à part, à éclairer toutes les questions relatives à la boucherie. Nous nous sommes appuyés de leurs observations, et on en tirera encore parti dans le cours des délibérations.

3

cune comparaison à établir entre les denrées vendues par la boucherie à la consommation, et les produits manufacturés que le fabricant peut, au gré de ses calculs, livrer ou non au public. 500 bouchers ne sauraient davantage faire la loi aux consommateurs, puisqu'ils ont besoin, au contraire, de se faire concurrence entre eux, pour attirer la clientèle par le prix et la qualité, et surtout puisqu'ils sont obligés d'écouler leur marchandise au jour le jour. Voilà ce qu'on oublie toujours en signalant un monopole là où il ne peut jamais en exister !

Revenons à l'historique de nos luttes contre des préjugés endurcis et des passions infatigables.

En 1840, le gouvernement, convaincu cependant qu'il y avait un fond de justice dans nos réclamations incessantes contre les violations de l'ordonnance de 1829, et voulant prévenir le retour de ces vicissitudes, fâcheuses pour l'administration publique qu'on avait vue se déjuger à plusieurs reprises d'une façon si étrange, avait préparé un projet d'ordonnance organique qui devait être enfin la *charte* de notre commerce.

Ce projet, qui sera déposé sur le bureau de la Commission fut communiqué au Conseil municipal de Paris, pour qu'il donnât son avis sur le principe, comme sur les moyens d'exécution.

Le 13 août 1841, M. Boulay, de la Meurthe (aujourd'hui vice-président de la République), présenta au nom d'une commission formée dans le sein du Conseil, un *rapport* qui eut un grand succès, et sur lequel nous appellerons toute votre attention ; car il a paru dès lors trancher les principales questions relatives à la boucherie.

La Commission proposait quelques amendements au projet du gouvernement ; le Conseil en introduisit quelques autres dans le travail de la Commission, et le tout fut renvoyé au ministre qui avait demandé ces avis.

Dès ce jour, nous nous crûmes arrivés au port, après tant de fluctuations, nos intérêts allaient être réglés définitivement ; tout était espérance. Mais nous avions compté sur la devise de M. Desmousseaux de Givré : *Rien, rien, rien !*

La paralysie qui s'étendait sur presque toutes les questions vitales de la société n'épargna point ce grand travail. Une nouvelle commission occulte fut nommée pour réviser le rapport du Conseil municipal. Cette commission fit une révision qui ne fut pas rendue publique, et nous n'entendîmes plus parler du projet d'ordonnance. On nous laissa dans le provisoire, où tout vint s'abîmer le 24 février !

La République fut plus active que la royauté ; et, si celle-ci avait toujours ajourné la reconnaissance de nos droits et la constitution de notre commerce, l'autre ne nous fit pas attendre notre ruine.

Quatre ordonnances de police, destructives de toutes les lois écrites, de tous les droits acquis, furent rendues coup sur coup. Elles ont substitué la boucherie foraine à la boucherie de Paris, et la tuerie de Bagnolet aux abattoirs ; le reste viendra, si la Commission n'arrête pas le mouvement ; le reste, ce sont les désordres du mercandage et du colportage de 1794 et 1795 ; la ruine de 1825 ; le manque d'approvisionnement de juin 1848 (1).

Que l'on écoute (au lieu des autorités régulières et constituées au nom de la loi) les *congrès* officieux et leurs rapports d'office, improvisés au nom de l'intérêt privé, et l'on verra l'anarchie de ces deux époques se reproduire sur tous les points de la capitale !

Nous signalons ailleurs les dangers de ces propositions téméraires.

Ce n'est pas dans ces œuvres d'amateurs que la Commission cherchera son programme.

Quant au programme tracé par M. le Ministre de l'agriculture et du commerce au Conseil général,

(1) Notons en passant, les premiers résultats de ces ordonnances de police, même avant l'établissement de la criée qui les décuplera, si on la laisse aller. Du mois de janvier à fin mai 1849 (5 mois environ), c'est-à-dire après la grande extension donnée à la boucherie foraine, les inspecteurs ont saisi 20,397 kilogrammes de viandes malsaines, ce qui signifie pour nous qui connaissons la valeur de ces rapports de saisie, qu'il y avait eu véritablement 80,000 kilogrammes de viandes saisissables, si la surveillance eût été plus sévère ou si le nombre des surveillants eût été plus considérable.

comme il embrasse des questions qui concernent la boucherie des départements, nous sommes obligés de présenter nos explications dans un ordre différent pour nous renfermer dans ce qui concerne la boucherie de Paris.

Voici l'enchaînement de nos idées. Ce n'est pas à dire que nous ayons la prétention d'avoir prévu toutes les questions à discuter; mais, du moins, toutes les questions incidentes qui surgiront dans le cours des débats se rattachant à l'une de celles que nous indiquons sommairement, c'est assez dire que nous n'en récusons aucune, et que nous sommes prêts à fournir tous les renseignements qui nous seront demandés sur quelque point que ce soit. Notre syndic a provoqué notre zèle et notre confiance par une circulaire qu'il nous a adressée (1).

Nous serons empressés de faire honneur à son appel. Que la Commission pose des interrogations, nos réponses ne se feront pas attendre.

Tel est donc notre programme :

1. Exposé. Questions posées par le préfet et par le ministre. *(On vient de la lire.)*

2. Discussion généra'e. Rapports et mémoires. *(Nous venons de les rappeler dans leur ordre chronologique ; on pourra recourir aux documents eux-mêmes.)*

3. Rapport de M. Boulay (de la Meurthe) et contre-rapports.

4. Ordonnance de 1825. Illimitation.

5. Ordonnance de 1829. Limitation.

6. Comparaison des deux rapports présentés à l'appui des deux ordonnances.

7. Inexécution de l'ordonnance de 1829.

8. Intérêts respectifs des herbagers et des bouchers.

9. Vente à la cheville.

10. Entrée des bestiaux étrangers.

11. Garantie des bestiaux.

12. Croisements et concours.

13. Cause du renchérissement et de la baisse du prix des bestiaux.

14. Marché des Prouvaires et autres. Vente à la criée.

15. Frais comparés des bouchers de Paris et des forains.

16. Tuerie de Bagnolet.

17. Viande pour la troupe et pour les hospices.

18. Comparaisons avec l'Angleterre.

19. Boulangerie. Approvisionnement de Paris.

20. Résumé et conclusions.

(1)   Monsieur et cher confrère,

Vous savez qu'une commission spéciale a été instituée par MM. les préfets de la Seine et de police *pour l'examen de toutes les questions relatives au commerce de la boucherie ;* tels sont les termes de la lettre d'avis adressée à chacun des membres de la Commission. C'est donc une véritable enquête qui va s'ouvrir, et il y a bien longtemps que nous en demandions une à l'administration. Il ne tiendra pas à votre syndicat que cette enquête ne soit sérieuse et complète.

Nous avons préparé pour être soumis à MM. les Commissaires, un *mémoire* qui résume nos réclamations et nos griefs. Ce mémoire va être livré à l'impression, et il vous en sera remis un exemplaire.

Le syndic du commerce de la boucherie étant appelé à faire partie de la commission où seront discutés nos intérêts, pourra les exposer et les soutenir, et il le fera avec franchise et fermeté.

C'est la première fois que nous serons entendus avant d'être jugés.

Cette confiance que l'autorité nous témoigne mérite de notre part une confiance égale.

Adressez donc au syndicat, monsieur et cher confrère, toutes les observations que vous jugeriez utiles à l'intérêt général du commerce ; il aura soin de les faire valoir dans le cours de ces délibérations, dont il espère d'autant plus de fruit, que notre cause est juste, et qu'elle sera jugée, au sein de cette commission, par des hommes éclairés et consciencieux.

Agréez, monsieur et cher confrère, l'expression de mes sentiments dévoués.

Le 2 *décembre* 1850.   *Le Syndic et les Adjoints de la boucherie de Paris.*

Et tel est, en effet, l'ordre logique de *toutes les questions* principales qui se rattachent, de près ou de loin, à celle de l'organisation de la boucherie, question dominante pour nous, et (qu'il nous soit permis de le dire) dominante aussi pour l'administration, c'est-à-dire pour l'approvisionnement de Paris et pour les éleveurs comme pour les consommateurs.

Ce sont là trois intérêts solidaires qu'on a voulu séparer et armer les uns contre les autres. Ainsi procède une intrigue. Elle cherche à mettre en défiance et en hostilité les intérêts les plus sympathiques, les plus inséparables, pour s'insinuer à travers leurs divisions et se ménager quelques profits à droite et à gauche. Cela est vrai de toute éternité en politique; nous en voyons l'application à des affaires toutes pratiques d'agriculture et de commerce. Serons-nous dupes de ces manœuvres? La boucherie de Paris les réprouve en ce qui dépend d'elle. Nous espérons que les éleveurs aussi, mieux informés, sauront s'en préserver désormais; et, qu'on n'en doute pas, le jour où ces deux intérêts seront réunis sincèrement, les consommateurs en éprouveront du bien-être; car c'est seulement lorsque le producteur et le marchand trouveront leur profit dans la vente et l'achat en gros, qu'ils pourront procurer et assurer le bon marché et la bonne marchandise à l'acheteur en détail (1).

Voilà ce que les théoriciens méconnaissent en principe et ce que la pratique enseigne à chaque pas.

Car enfin que voulait, que doit vouloir l'autorité?

Des prix plus élevés pour les producteurs;

Des prix réduits pour les consommateurs.

Eh bien, est-ce la concurrence qui peut amener ces deux résultats?

Tout ce qu'on fait dans l'un de ces intérêts tourne au détriment de l'autre.

Plus on facilite aux éleveurs l'apport sur tous les marchés, et le débit, non plus du bétail sur pied deux fois par semaine, sur deux marchés déterminés, mais la vente du bétail tout abattu, sur les marchés de Paris et à la criée, plus on abaisse pour eux le prix de vente.

Et cela est sensible, puisque ces mesures sont conçues dans l'intention d'abaisser le prix de revente au détail.

Mais, ici, l'on se trompe encore.

Certainement, cette baisse de prix au détail existerait pour les consommateurs, s'ils pouvaient tous venir s'approvisionner, au marché, des portions de viande qui leur sont nécessaires. Mais cela est matériellement impossible. Un million d'acheteurs ne peut pas se concentrer sur un point, et ce point ne saurait suffire à la vente.

Aussi la criée n'est-elle qu'un commerce *à la cheville*. Les bestiaux y sont exposés et vendus en entier

(1) Nous aimons à laisser parler ici l'un de nos confrères, **M. Rilliot**, qui a fort bien résumé cet aperçu :

« En effet, dit-il, que l'administration assure autant que possible à chaque boucher *un débit suffisant*, au lieu de décourager
» la production des beaux élèves en donnant la préférence, bien à contre-cœur, aux petites espèces, le boucher des villes les re-
» chercherait avec empressement, et contribuerait ainsi constamment, et beaucoup mieux que ne le peut faire l'administration
» elle-même, *au progrès de l'agriculture*. Voilà pour le producteur.

» Faisant assez de commerce pour vendre sa marchandise en temps opportun, le boucher ne serait plus dans l'obligation d'é-
» lever assez le prix de la portion vendue pour se récupérer de la perte plus ou moins complète de l'autre partie ; le public y
» trouverait donc doublement son compte, puisqu'il aurait *de la viande meilleure et à meilleur marché*. Voilà pour le
» consommateur.

» Enfin, le boucher, tout en faisant une large part au producteur et au consommateur, gagnerait plus que par le passé, puis-
» que sa vente augmenterait, tandis que ses frais de maison, quel que soit son commerce, sont en quelque sorte stationnaires.
» Voilà pour le boucher.

» On ne peut pas estimer à moins de plusieurs millions l'économie qu'une réduction d'un cinquième, par exemple, dans le
» nombre des bouchers de Paris, pourrait amener pour le consommateur seulement.

» Ces vérités ont existé de tout temps, mais toujours on s'en est pris aux hommes, producteurs ou bouchers, jamais à la pre-
» mière, à la véritable cause de cherté, *la perte de la marchandise amenée par le grand nombre de détaillants*, sans au-
» cun profit pour personne et au détriment de tous. »

soit aux bouche de Paris, soit aux forains. La cheville n'a donc que changé de place; elle est venue des abattoirs au marché des Prouvaires. C'est toujours une seconde main ou une troisième.

Maintenant, les bouchers parisiens ou forains qui achètent à la criée, pour revendre dans les étaux qu'ils occupent sur les cinq marchés à la viande, ne suffisent eux-mêmes encore qu'à l'alimentation d'une partie minime des consommateurs. Leur revendront-ils à meilleur marché ce qu'ils ont acheté à plus bas prix? Ce n'est pas vraisemblable; car il y a une loi générale dans tout commerce, c'est de proportionner son bénéfice à son débit, et de répartir le revient de ses frais généraux sur le prix de sa vente, de manière que cette répartition soit légère sur une clientèle nombreuse, et plus pesante sur des acheteurs restreints.

Ainsi, qu'a-t-on organisé ?

D'un côté, la concurrence des vendeurs de bestiaux, ce qui amène la baisse de leur marchandise ;

Mesure excellente pour le consommateur, funeste pour l'éleveur.

De l'autre, la concurrence des débitants au détail, ce qui force chacun d'eux à retrouver sur sa vente trop limitée de quoi couvrir, en élevant ses prix, les frais généraux qu'il supporte pour un débit minime, comme il les supporterait pour un débit considérable ;

Seconde mesure qui détruit pour le public le bénéfice de la première.

On tourne donc forcément dans un cercle vicieux.

Répétons, en terminant, parce que c'est là le fond de la question, *répétons* que l'erreur des économistes et des administrateurs a été, jusqu'à présent, de croire qu'il n'y avait moyen de satisfaire au juste intérêt des consommateurs qu'en séparant les intérêts des éleveurs et des marchands, tandis que c'est l'intérêt solidaire des marchands et des producteurs qui peut seul, en se fortifiant des deux côtés, assurer le bien de la consommation, et aussi, de l'approvisionnement.

La promiscuité qu'on appelle la concurrence, l'éparpillement que l'on croit le bon marché, ne produisent que l'abaissement, non pas des prix, mais des qualités, la ruine des propriétaires, non pas l'avantage des acheteurs, et l'incertitude du marché public, au lieu de sa sécurité.

CHAPITRE III.

RAPPORT DE M. BOULAY (DE LA MEURTHE).

Ce n'est pas devant une commission où se retrouvent plusieurs membres du conseil municipal, d'anciens collègues de M. Boulay (de la Meurthe), à l'époque où il rédigea son rapport (1841), que nous aurons besoin de reproduire longuement les solides raisons que l'honorable rapporteur a présentées, avec des développements qui respiraient la conviction, en faveur d'une organisation forte et puissante de la boucherie de Paris.

On a déjà vu plus haut quel témoignage il rendait aux souffrances imméritées d'un commerce qui s'était recommandé pourtant, au pouvoir comme au public, par l'observation fidèle de ses devoirs envers l'un et l'autre.

Malheureusement pour nous, le langage que M. Boulay (de la Meurthe) tenait en 1841 sur la détresse de la boucherie, lui est plus que jamais applicable ; car on ne s'est pas contenté de paralyser les généreuses intentions du conseil municipal de cette époque, on a rendu notre position plus pénible encore par des actes extrà-légaux qui l'ont cruellement aggravée. Le rapport de 1841 est donc encore de circonstance en 1850, et dans nos conclusions, nous ne demanderons pas autre chose (même après de nouveaux griefs) que la conversion en loi du projet d'ordonnance annexé à ce document mémorable.

Un exemplaire en sera déposé sur le bureau de la Commission. C'était une solution préparée par le ministère de 1841, perfectionnée par la Commission, fortifiée encore par le Conseil municipal. Nous ne prétendons rien de plus ; nous acceptons la loi que l'autorité nous avait faite. Est-ce donc nous montrer exigeants ?

M. Boulay (de la Meurthe) a établi, il a prouvé que la *limitation* du nombre des bouchers de Paris, qu'on affecte toujours de représenter comme un privilége inventé dans leur intérêt, n'était qu'une institution de garantie et de prévoyance, conçue dans l'intérêt de l'approvisionnement et dans celui des consommateurs, deux nécessités auxquelles une bonne administration municipale doit pourvoir. La République avait été obligée elle-même de reconnaître cette vérité en 1802 ; l'Empire l'avait consacrée en 1811 ; la Monarchie y était revenue, et s'était déjugée elle-même après un essai malheureux. La royauté de juillet l'avait respectée en principe du moins. La *limitation* doit être considérée comme la situation normale du commerce de la boucherie, puisqu'elle peut seule assurer l'abondance, le bas prix et la bonne qualité de la denrée. Rien ne l'a mieux prouvé que les deux essais *d'illimitation* qu'on a faits en 1793 et en 1825. Ils ont eu, l'un et l'autre, pour résultats de diminuer les achats de bestiaux à destination de Paris, et par conséquent de menacer l'approvisionnement public ; et, en même temps, d'avilir le poids et la qualité des bœufs, et d'augmenter considérablement le prix des diverses sortes de viande ; résultats aussi nuisibles à l'agriculture qu'aux consommateurs.

La consommation en viande de boucherie n'a pas, à beaucoup près, suivi, depuis 1789, le mouvement progressif de la population. Est-ce le tort de la production, qui serait en retard? Est-ce l'abondance des autres denrées alimentaires, notamment de la charcuterie et des pommes de terre, qui prendraient une plus grande importance sur les marchés? Y a-t-il exagération en plus, dans les statistiques de 1789, ou en moins dans celles de 1842? Ne faut-il pas tenir compte des apports de la boucherie foraine? Dans tous les cas, ce n'est pas une raison suffisante pour déplacer la base de l'organisation de la boucherie de Paris. Au contraire. A-t-on prouvé que la boucherie ne suffisait pas au service public? Jamais! On a reproduit les déclamations habituelles sur le privilége, sur les corporations, sur le monopole, et nous démontrons, dans plusieurs parties de ce mémoire, qu'il n'y a là ni corporations, ni privilége, ni monopole, et que les innovations adoptées aujourd'hui par l'autorité de 1848, et exagérées encore par ses agents, ne tendent à rien moins qu'à établir ce régime exclusif et monopoleur que l'on a l'air de vouloir combattre.

L'exposé de M. Boulay (de la Meurthe) s'appuie, de temps à autre, sur des tableaux statistiques dont l'administration a contesté l'exactitude, dans un contre-rapport.

Pour notre part, nous éviterons de nous hasarder dans des statistiques où les meilleurs esprits s'égarent, et qui n'ont jamais, même quand elles sont exactes, qu'une réalité de circonstance. Car tant de causes diverses agissent chaque année, chaque jour, sur la production et sur la consommation, que les chiffres vrais d'une époque sont presque toujours des illusions dans un autre moment. Il y a surtout dans les statistiques une erreur toujours reproduite, quoique toujours réfutée, c'est le terme moyen qu'on s'obstine à tirer de quantités diverses qui ne sauraient jamais être ramenées à un chiffre commun, équitable et sincère. Les administrateurs ont pu vérifier, à chaque ligne des travaux qu'ils critiquent, cette observation toute préjudicielle qu'on peut opposer à la première statistique venue. Ainsi, M. Tourret fait remarquer avec raison ce qu'il y a de fictif à donner tel chiffre, pour moyenne du prix de la viande à Paris, puisqu'on y consomme onze fois plus de morceaux à 30, 35 et 40 centimes, qu'à 60, 70 et 75 centimes. Il n'y a pas à dégager un prix moyen significatif de quantités inégales et de qualités différentes.

Ces erreurs sont encore plus manifestes, quand on calcule le revient de plusieurs années et de plusieurs produits. Nous nous abstiendrons de ces évocations de chiffres fantastiques. L'excellent travail de M. Boulay (de la Meurthe) n'avait pas besoin de s'appuyer sur ces données souvent contestables, qu'il avait cependant puisées, pour la plupart, dans les publications faites par l'autorité, et que l'autorité (qui ne lit pas toujours ce qu'elle imprime) a ensuite contestées avec aigreur. On a abusé de ses chiffres contre ses raisons. La question vraie n'était pas dans ces supputations aventureuses; elle était dans des considérations économiques et administratives, supérieures à des calculs problématiques, et le rapport de 1841 contient des arguments décisifs.

Cela ne veut pas dire qu'on ne doive tenir compte de certains chiffres positifs et actuels qui servent, dans le cours des discussions, à prouver des faits, à expliquer des principes. Aussi, sommes-nous prêts à fournir tous ceux qui nous seront demandés, à mesure que la discussion les rendra nécessaires. Nous demanderons, par exemple, à la Commission de vouloir bien se rendre compte par elle-même (au moyen du déplacement de deux ou trois de ses membres) du revient d'achat et de revente d'un bœuf, pris au marché, et débité sur l'étal. Voilà des chiffres utiles, puisqu'on peut les vérifier à l'instant même, du point de départ jusqu'au point d'arrivée. Une ou deux matinées consacrées à constater l'achat d'un bœuf sur le marché de Poissy, son abattage à l'échaudoir, et le dépeçage chez le boucher, vaudront tout un volume d'arguments et de chiffres. Nous adjurons la Commission de faire cette enquête; elle en retirera plus de fruit que de tant de discussions statistiques qui ne prouvent que leur inexactitude.

Cette enquête est d'autant plus désirable et nécessaire, que nous lisons dans la *Notice* rédigée par le ministre de l'agriculture, une observation puisée dans le contre-rapport opposé par le préfet de police au rapport de M. Boulay (de la Meurthe):

« Je demande où l'on a pu se procurer des données quelque peu dignes de confiance sur le *prix à*
» *l'étal.* Rien n'est plus difficile à saisir. L'énorme différence qui existe entre les prix des différents mor-
» ceaux d'un même animal, la grande facilité du déclassement de ces divers morceaux dans la pratique
» du débit de la viande, ont toujours été et seront toujours des difficultés insurmontables pour arriver à
» la constatation de ces prix. Ce sont très-certainement ces difficultés qui ont fait renoncer à Paris à la
» taxation du prix de la viande. »

Eh bien, nous avons à cœur de prouver à la Commission que ces prix, ces différences, ces distinctions sont parfaitement faciles à reconnaître et à déterminer sur un même animal. C'est une question de bonne foi. M. Delessert se méprend sur la cause qui rend la taxe impossible, même après cette épreuve faite sur un sujet ; cette cause, c'est la différence de prix des animaux d'une même espèce, c'est la variation du prix des bestiaux en général, d'un marché à l'autre. Tous les sacs de farine de même qualité se ressemblent, et l'on peut établir sur cette qualité une mercuriale qui détermine le prix du pain qui en sort. Mais tous les animaux diffèrent les uns des' autres, et il n'est pas possible de calculer, d'après un pour tous, le prix des morceaux dépecés. Nous ferons une expérience sur l'un d'eux, sur celui qu'on choisira. Il sera possible dès-lors d'évaluer, mais seulement par évaluation approximative, et non pas avec la rigueur d'une taxe, le revient et le profit de la vente à l'étal (1).

Le contre-rapport de la préfecture de police en critiquant les chiffres du rapport de M. Boulay (de la Meurthe), a subi la loi commune; ses chiffres ne sont pas moins sujet à critique. On pourra s'en convaincre. La Commission les aura sous les yeux, et nous aiderons, en ce qui nous concerne, à éclairer cette controverse. L'expédient que nous indiquons à la Commission lui apprendra beaucoup plus de choses, et de plus exactes, que cette lutte de tableaux statistiques et systématiques.

Nous renvoyons aux deux paragraphes qui suivent celui-ci, l'examen des arguments invoqués de part et d'autre pour la limitation et l'illimitation du nombre des bouchers, discussion qui occupe une large place dans le rapport de M. Boulay (de la Meurthe), parce que c'est là en effet, le fond de la question.

Aussi la *limitation* est-elle le dernier mot du rapport approuvé par le Conseil municipal en 1842. Après avoir constaté les souffrances de la boucherie par des chiffres qui ne sont pas équivoques, ceux-là (le chiffre de la dépréciation des étaux, et celui des retraites ou mutations de bouchers par suite de la détresse des affaires), le rapporteur a voulu caractériser les causes réelles de l'augmentation ou de l'immobilité des prix de la viande, et il les a découvertes et signalées d'une manière ineffaçable, puisqu'elles sont aussi vraies aujourd'hui qu'il y a huit ans : Détérioration de la qualité des viandes ordinaires, ce qui élève la valeur de la viande de choix; diminution du prix du suif, amenée par les progrès de la science qui a mis en œuvre des substances rivales ; accroissement dans la consommation de la viande de vache, dû, en grande partie, à l'établissement des chemins de fer qui, en amenant à Paris du lait des provinces les plus éloignées, ne laisse plus aux nourrisseurs des départements voisins de la capitale de profit à entretenir des vaches laitières ; concurrence des autres denrées alimentaires, dont les plus recherchées, telles que le gibier et le poisson, ont remplacé sur la table des riches une certaine quantité de viande de boucherie, tandis que les plus vulgaires, telles que le porc et la pomme de terre, suppléent aussi pour le pauvre la viande de bœuf ou de mouton.

Et à ces causes, déjà si puissantes, sont venues s'ajouter, après six ans, celles de la concurrence inégale et exagérée des boucheries de la banlieue, et de la criée publique des viandes de toute provenance : autant d'arguments à l'appui des conclusions du rapport de 1841.

---

(1) Si la taxe de la viande était praticable et promettait quelque avantage pour le consommateur, l'administration y aurait eu recours depuis longtemps. Mais il faudrait taxer selon le poids de l'animal ; il faudrait taxer séparément les quartiers de devant, les quartiers de derrière, les hauts bouts, les trains de côtes, etc., etc., etc. Il faudrait taxer deux fois par semaine, car souvent d'un marché à l'autre, la différence des prix est très-sensible. Il est vrai que l'on taxe le prix du pain à Paris, comme dans toute la France ; mais il n'existe pas d'analogie entre les deux commerces. L'administration peut imposer facilement aux boulangers la condition d'avoir constamment leurs boutiques garnies de pain blanc et bis blanc et de le vendre au taux déterminé d'après les mercuriales de la halle aux farines : chacun est juge de la qualité du pain et de l'exécution de cette condition ; d'un autre côté, à moins de disette ou de circonstances extraordinaires, le prix de la farine reste stationnaire quelquefois pendant six mois, ou s'il éprouve quelques variations, elles sont si peu sensibles qu'elles n'influent pas sur le prix du pain ; mais il en est tout autrement pour le débit de la viande.

Ce prix, comme la qualité du bœuf, présente de très-grandes différences. On en distingue de trois qualités, ayant chacune un taux particulier. Sur lequel taux établir la taxe ? Les mêmes difficultés se présentent pour le veau et le mouton ; il faudrait ensuite pour chaque bœuf distinguer au moins trois qualités de viande suivant la nature et la valeur des morceaux ; il y aurait donc neuf taxes différentes. Comment les établir ? Sur quelles bases et pour quel temps ? Aussi un préfet de police qui ne concluait qu'après avoir étudié, déclarait-il que *la taxe lui paraissait inexécutable, abusive, et préjudiciable à tous les intérêts*.

Ces conclusions, en outre du principe de la limitation du nombre, ce sont :

1° Une *organisation forte* et *légale* de notre commerce, commandée par les exigences et par la sûreté de l'approvisionnement d'une grande capitale, organisation qui se compose d'un nombre déterminé de commerçants, et de la triple obligation pour eux de se pourvoir de bestiaux sur certains marchés assignés par l'administration ; de payer sur fourniture par l'entremise d'une caisse municipale, et d'abattre dans des établissements municipaux.

Cette organisation implique aussi l'institution d'un syndicat qui en assure le maintien.

De là, la sanction des marchés de Poissy et de Sceaux, de la Caisse de Poissy, et des abattoirs spéciaux.

C'est en développant les avantages de chacune de ces institutions et obligations, que M. Boulay (de la Meurthe) en est venu à distinguer dans l'existence de la boucherie, deux périodes, l'une normale, de 1811 à 1825, l'autre anormale, de 1825 à 1840 (malgré l'ordonnance de 1829, mais inexécutée) ; la première féconde en bons résultats pour tous les intérêts publics et privés ; la seconde, en désordres de tout genre pour la production comme pour la consommation ; et il cite des faits qui concordent avec ces dates.

Que dirait-il aujourd'hui de l'état de choses créé par les ordonnances de police de 1848 et de 1849 ? C'est une troisième période à laquelle nous n'osons donner un nom ! Contentons-nous de dire qu'elle date de février !

Nous ne pourrions qu'affaiblir, en les analysant, les excellentes démonstrations du rapport de 1842, à l'appui des principes dont il propose le rétablissement, et qui se formulent dans 22 articles auxquels nous nous référons aujourd'hui.

A cette époque, toutes les autorités compétentes étaient d'accord. Le projet d'ordonnance organique rapporté par M. Boulay (de la Meurthe), et peu amendé par le Conseil municipal, avait été élaboré par le ministère, sur les avis réunis du directeur du commerce intérieur, de la chambre de commerce, du préfet de police, du directeur de la Caisse de Poissy, et du syndicat de la boucherie. Le Conseil municipal avait consacré à son examen de nombreuses séances.

Par quelle force occulte la promulgation en a-t-elle été suspendue ? Quelques influences de bureau (qui, heureusement, ont disparu) auraient-elles eu le pouvoir d'enchaîner tant de volontés supérieures ? Quoi qu'il en soit, nous n'avons plus à concevoir aujourd'hui la même inquiétude ; et le projet de 1841 aura gagné du moins à cet ajournement de neuf années une nouvelle force, une nouvelle consécration, quand on reconnaîtra, après un si long délai, qu'il est encore à la hauteur des circonstances, et qu'il n'y a presque rien à faire de plus, ni de moins.

CHAPITRE IV.

ILLIMITATION DU NOMBRE DES BOUCHERS DE PARIS.

Ordonnance de 1825.

Rien ne prouve mieux l'entraînement où le pouvoir se laisse emporter, presque toujours, sous l'influence des préjugés ou des passions du moment, et sous l'empire des idées reçues sans examen, que la série des précédents de l'ordonnance de 1825. Reproduisons-les rapidement pour l'ordre de la discussion, en regrettant d'avoir à répéter des dates légales, des décisions acquises, des actes accomplis. Mais, à chaque question, il faut bien rattacher ses origines, et, malheureusement, nous sommes obligés de rétablir les faits et les principes aussi souvent qu'on les a méconnus ou violés, et c'est beaucoup.

On sait que, après les désordres causés par la législation de 1789 et de 1791, le gouvernement avait senti le besoin de remonter aux causes qui avaient produit ces désordres, et, au premier rang, il reconnut, comme cause radicale, la liberté absolue d'une profession qui touche à des intérêts si importants, et l'illimitation du nombre de marchands qui l'exerçaient sans connaissances spéciales et sans solvabilité.

En février 1802, on comptait encore à Paris au moins onze cents bouchers ou débitants de viande en boutique, ou dans les halles, dans les rues, sur des tables, dans des allées, et même dans des galetas (1). On aurait pu croire, sur la foi des doctrines de l'absolue liberté, que ce grand nombre de vendeurs, cette vaste concurrence procurerait aux consommateurs de la viande à très-bas prix.

Il n'en fut rien. Au contraire, la dilapidation, le gaspillage de la denrée avait été tel de la part des mercandiers pendant dix ans, que l'on mangeait les bœufs à quatre ans, au lieu de huit, que la plus effrayante anticipation avait eu lieu sur les ressources, et que la viande était montée à 18 et 20 sols la livre et aurait monté bien plus haut, sans les importations de l'étranger. On trouvera les preuves de ces assertions dans les rapports déposés aux archives des préfectures et des ministères.

Tels étaient les résultats de cette concurrence, de cette liberté, tant préconisée, mais qui (sans mieux valoir peut-être dans toutes les industries qui la réclamaient, et qui n'osent plus se plaindre des dommages qu'elles en éprouvent) ne saurait être appliquée à des denrées de première nécessité, à des matières périssables d'un jour à l'autre.

Qu'on sache donc bien que la réduction du nombre des bouchers, commencée en 1802 (sous la République), et confirmée avec des restrictions nouvelles en 1811 (sous l'Empire), qu'on sache bien que ce retour à une forme apparente de corporation, consolidé encore après 27 ans (en 1829), n'était pas inspiré par un intérêt politique, ou par une préférence administrative pour ce commerce.

Il ne s'agissait, d'abord, que de régler la consommation, de manière que chaque boucher, sachant bien quel était son débit journalier, pût y proportionner ses achats, et ne pas livrer au public des viandes avariées, ou risquer de perdre des marchandises faute de vente.

Il s'agissait ensuite de régler la production ou les expéditions, de telle sorte que les approvisionneurs, sachant à peu près ce que les besoins courants pouvaient exiger, cessassent de forcer l'engrais avant l'âge, et ne fissent que des envois et des amenages proportionnés à la vente.

Ces nécessités, reconnues en 1802, en 1811, en 1829, sont aussi impérieuses en 1850, et le seront toujours. Elles sont favorables aux producteurs, comme aux consommateurs. Elles condamnent, en fait, la théorie qui conseille l'illimitation du nombre des bouchers.

En 1801, il existait comme nous l'avons dit, 1,100 marchands de viande, nous n'osons dire bouchers.

(1) Cela commence aujourd'hui, sous le vent des doctrines régnantes et de l'engouement factice qu'on a excité.

L'arrêté de 1802 les avait réduits à 451, exploitant 476 étaux. Le décret de 1811 fixa à 300 le nombre des bouchers de Paris.

Au reste, la meilleure démonstration d'un principe, c'est le succès de son application. Cette preuve ne manque pas aux actes qui ont aboli l'illimitation. En moins de trois ans, après le décret de 1811, malgré la sécheresse de cette année et de l'année 1812, malgré l'invasion de 1814, l'approvisionnement se soutint régulièrement, et à la satisfaction de tous les intérêts, sauf quelques variations accidentelles dans les prix.

Maintenant que, après les révolutions de 1830 et de 1848, on ait essayé, sous le feu des passions subversives que toute révolution excite, de réhabiliter les doctrines de liberté absolue, on a vu, on en verra les conséquences ; elles seront toujours les mêmes : incertitude de l'approvisionnement ; trop plein ou disette ; faux frais et pertes pour les expéditeurs ; avaries et déperdition de la marchandise pour les bouchers ; insuffisance et cherté ; ou profusion et insalubrité pour les consommateurs. Voilà les résultats inévitables du déréglement d'un commerce qui n'a et qui n'offre de garanties que dans l'observation de règles profitables à tout le monde.

Cela veut-il dire qu'il fallait s'en tenir au chiffre de 300 bouchers fixé par le décret de 1811 ?

Non ; nous admettons les besoins créés depuis cette époque par l'accroissement de la population, par le développement des constructions sur les terrains vagues que renfermait encore la capitale.

Aussi, ne nous a-t-on pas vus réclamer contre le chiffre de 370 de 1822.

Plus tard, nous étions satisfaits du chiffre 400, déterminé par l'ordonnance de 1829.

Aujourd'hui, nous acceptons la proportion proposée par le Conseil municipal de 1842, entre le chiffre des étaux et celui de la population (un étal par 2,000, ou peut-être 2,400 habitants).

Voilà le progrès véritable qui suit le mouvement des masses, des intérêts, de la civilisation, au lieu de ces révolutions qui bouleversent tout, sous prétexte de tout améliorer.

On n'a jamais vu la boucherie de Paris, dans le sein de laquelle se rencontrent bon nombre de ces vieilles familles bourgeoises, formant une aristocratie vraie, l'aristocratie du travail, et se succédant avec honneur dans l'exercice d'une profession pénible et utile, on ne l'a jamais vue se concentrer dans des prétentions exclusives et se refuser aux concessions qui pouvaient être favorables au bien-être du peuple. Au contraire, elle a toujours couru au-devant de toutes les mesures propices aux classes laborieuses et indigentes. Ce ne sont pas les pauvres qui l'accusent. Elle leur offrira toujours de la bonne marchandise et du bon marché. Mais il faut bien retrouver sur d'autres parties de la vente les sacrifices faits dans cet intérêt. Réduisons la question à un chiffre : quand le bœuf sur pied revient à 50 cent. la livre, le riche entend-il ne payer que ce prix pour les morceaux d'élite, et réduire le pauvre à payer au même prix les bas morceaux ? Ne faut-il pas une surenchère d'un côté pour obtenir une réduction de l'autre ? Toutes les phrases du monde ne prévaudront pas contre cette proportion toute simple, toute brutale.

Voilà ce que la boucherie limitée et organisée peut faire seule avec intelligence.

Que fera la boucherie illimitée ? Elle vendra aussi cher à tout le monde, parce qu'elle sera réduite par la concurrence à répartir ses frais généraux sur un plus petit nombre d'acheteurs, et elle vendra de la mauvaise qualité, parce qu'elle aura toujours un approvisionnement supérieur à son débit, et qu'elle sera condamnée à garder de la marchandise jusqu'à corruption.

Examinons les faits qui se sont produits, après l'ordonnance d'illimitation de 1825.

Nous aimons à penser que l'ordonnance royale du 12 janvier 1825 avait été rendue dans les intentions les plus honorables ; car nous répugnerons toujours à supposer des intentions ou des influences occultes sous des mesures administratives, publiées dans un but apparent d'utilité générale. Ce but était d'encourager la production et l'engrais des bestiaux, et de ramener à un taux moindre le prix de la viande dans Paris. On a bien parlé, dans le temps, d'engagements électoraux pris en 1824 envers les herbagers qui s'étaient trompés sur leur véritable intérêt. Ne nous arrêtons pas à cette supposition. Contentons-nous de constater que trois années d'expérience, les réclamations des herbagers eux-mêmes et les faillites des bouchers déjà arrivées ou imminentes; enfin l'absence même ou le petit nombre de demandes, afin d'obtenir permission d'ouvrir des étaux, démontrèrent, dès 1828, que cette ordonnance n'avait pas atteint le but proposé.

Les bouchers de Paris établis avant cette ordonnance, et à qui elle avait été si funeste (après 1,600,000 fr. consacrés à des rachats d'étaux), ceux mêmes dont l'établissement était postérieur s'accordèrent pour demander au gouvernement de limiter, dans l'intérêt public, les effets de l'ordonnance du 12 janvier.

Tout ce qui se fonde sur des faits souffre peu de controverse.

En fait, il est certain que de 1825 à 1828, la viande n'avait pas diminué de prix, que les bestiaux n'étaient pas devenus d'une qualité meilleure, qu'ils ne s'étaient pas multipliés.

La viande n'avait pas diminué de prix, et cependant il est à remarquer que les sacrifices qu'auraient pu faire les anciens bouchers, en concurrence avec des bouchers nouveaux, auraient dû se faire sentir particulièrement dans les premiers temps qui ont suivi l'ordonnance.

Les bestiaux n'étaient pas devenus d'une meilleure qualité, et la raison en est que les bestiaux d'une qualité médiocre se vendaient avec plus de facilité que par le passé : ce qui résultait de ce que chaque boucher qui s'approvisionnait sur les marchés avait un débit moins certain, et ne voulait pas trop courir de chance.

Les herbagers se sont donc trouvés sans intérêt, et sans désir d'élever de belles espèces, et de les amener sur les marchés.

Par la même raison, les bestiaux ne se sont pas multipliés, et leur nombre avait décru ; car les herbagers n'élevant pas les bestiaux jusqu'à leur plus grand développement, une année pouvait avoir absorbé plus de produit qu'autrefois, et nuire ainsi à la reproduction.

Cependant le commerce de la boucherie s'est trouvé à cette époque dans un état général de gêne et de malaise. Les ventes *dites à la cheville* se sont multipliées, au préjudice des herbagers et des bouchers eux-mêmes. Les bouchers nouveaux, ou ceux qui avaient moins de débit, les uns par défaut de ressources, les autres par défaut de connaissances dans leur état, ne se sont pas présentés sur les marchés ; ils ont fait en sous-ordre des achats d'un demi-bœuf à Paris même.

Le nombre des acheteurs n'a donc point augmenté sur les marchés. D'un autre côté, les acheteurs qui ont continué de s'y approvisionner, s'y sont présentés avec moins de certitude de débiter, et par conséquent tout disposés à acheter moins, et à meilleur marché.

Tel était l'état des choses. Il avait donc plutôt aggravé qu'amélioré la position des herbagers, tout en jetant l'inquiétude et le découragement dans le commerce de la boucherie. Enfin, en étendant la surveillance de l'autorité sur un plus grand nombre de bouchers, il avait diminué les sûretés prises dans l'intérêt de la salubrité publique.

Et cependant l'illimitation n'était pas encore complète ; il ne s'agissait, dans les premières années, que de l'augmentation de cent étaux par an. Que serait-il donc arrivé, si le principe de l'illimitation avait été complétement appliqué? On aurait revu 1794 et 1795.

On a cru que la limitation du nombre des bouchers les enrichissait d'une manière inconvenante. On a pensé aussi que ces fortunes se faisaient au préjudice des herbagers.

Ces deux hypothèses ne sont point exactes. Si les herbagers ne gagnaient point assez, la cause en tenait à l'augmentation des droits sur les bestiaux, comme aussi à la diminution du prix des cuirs et des suifs. Si quelques bouchers ont paru riches, c'est que ceux-là avaient entrepris ce commerce avec de grandes ressources, qu'ils y avaient donné une grande extension ; mais cette extension même n'avait pu leur profiter qu'en diminuant le gain des autres bouchers, puisque la quantité de la consommation est uniforme. Et cette disproportion de fortune n'existe plus. Aujourd'hui, comme en 1828, l'état des choses est tel que ce commerce, auquel l'autorité a droit de demander pour première garantie une certaine aisance, serait celui qui en offrirait le moins.

Remarquons que, dès 1828, l'autorité elle-même, reconnaissant ce fâcheux état de choses, le rapportait aux mêmes causes que nous dénonçons aujourd'hui à la Commission, et qui cependant n'avaient pas pris le développement qu'elles ont reçu depuis 1848. Voici ce que M. le Préfet de police en pensait alors (1828) :

« Ce qui ajoute encore à la détresse du commerce de la boucherie de Paris, et ce qui fait abonder la
» viande de qualité inférieure, c'est l'encouragement, peut-être excessif, donné aux bouchers forains qui
» approvisionnent deux fois par semaine les marchés de la capitale, et qui n'achètent jamais que de
» petits bœufs. » (Or, ce n'est plus deux fois par semaine, c'est tous les jours que ce dommage se renouvelle.)

« L'administration elle-même n'a plus de moyens aussi efficaces d'établir dans ce commerce l'ordre
» nécessaire, depuis que l'ordonnance royale du 12 janvier 1825 a supprimé le syndicat de la boucherie,
» qui donnait à l'autorité des renseignements précieux, et contribuait au maintien de la tranquillité
» parmi les bouchers. »

(Le syndicat a été rétabli ; mais il est mal servi par les inspecteurs, dont le devoir est cependant, aux termes de l'ordonnance, de le seconder dans tout ce qu'il veut faire pour le bien du service.

« Je m'empresserai toujours, dans les limites de mes attributions, d'encourager le commerce et l'in-
» dustrie ; mais l'expérience de tous les temps a prouvé que les principales branches des approvisionne-
» ments de cette immense capitale devraient être régies d'une manière toute particulière. C'est ainsi que
» la boulangerie est soumise à des règlements spéciaux, que des motifs de la plus haute importance, et
» qui touchent à la sûreté publique, ont obligé de maintenir.
» Le commerce de la boucherie, placé immédiatement après la boulangerie, intéresse la santé des
» habitants à un point tel qu'il ne me paraît pas devoir être abandonné à une concurrence sans limite,
» quoique cette liberté entière puisse d'ailleurs, n'offrir que des avantages, lorsqu'elle s'applique à un
» commerce d'une nature moins délicate. Pendant la révolution, les bouchers furent aussi illimités ; on
» vit jusqu'à mille ou douze cents marchands de viande dans Paris, et la police était journellement obli-
» gée de faire jeter dans la rivière des quantités de viandes malsaines. On fut obligé, en 1802 de régler ce
» commerce. Depuis cette époque, des abus partiels ont pu se faire sentir, mais ceux qui naissent de
» l'illimitation, bien autrement dangereuse pour les consommateurs, comme pour les herbagers et le
» commerce, commencent à se reproduire. »

Que disons-nous de plus ? Nos réclamations sont toujours les mêmes, comme nos services et comme les intérêts publics auxquels se rattache notre industrie. Comment arrive-t-il donc que ce soit l'autorité qui change si souvent de système et de langage ? C'est elle qui se déjuge, et cependant les faits ne changent pas ! Les passions sont-elles donc plus fortes que les faits ?

Outre le dommage apporté aux règles générales de la production et de la consommation par le principe de l'illimitation du nombre des bouchers, l'ordonnance de 1825 commettait un abus d'autorité qu'on pouvait qualifier de spoliation.

Depuis 1802, 1808, 1811, la limitation qu'elle détruisait n'avait été obtenue qu'au prix du rachat de deux états pour un, et ce rachat, trois fois autorisé, ou plutôt ordonné par le gouvernement, avait élevé successivement les sacrifices de la boucherie, en général, jusqu'à 1,600,000 fr.

Un grand nombre des bouchers existants en 1825 étaient possesseurs de leur état à ces conditions.

Pouvait-on leur dire, sans une iniquité révoltante : « Nous vous avons forcés d'acheter deux fonds pour
» un, et maintenant nous abolissons jusqu'à la valeur du fonds lui-même, en autorisant le premier venu
» à s'établir près de vous. Vous avez obéi à l'administration en consacrant votre patrimoine à une acqui-

» sition onéreuse. Nous méconnaissons le sacrifice que vous avez fait, le droit que nous vous avons
» créé ; votre établissement meurt entre vos mains, sans valeur aucune, puisqu'on peut en fonder de
» pareils gratuitement, à vos côtés. »

La révolution elle-même n'avait pas tenu ce langage, qu'on osait prêter à la monarchie !

Voici encore un des bienfaits de l'illimitation.

Le gouvernement ordonna une liquidation, qu'on pouvait faire sans sa permission, celle des fonds
appartenant à la boucherie, et des intérêts de ses cautionnements. Les valeurs furent déposées à la
Caisse des consignations pour être partagées, entre les bouchers dépossédés de leur propriété : c'était
bien le moins qu'on ne leur prît pas leur argent, en les privant de leur propriété.

Encore, y avait-il à faire une distinction, dans ce partage, entre les fonds appartenant aux anciens
bouchers, et ceux qui revenaient aux bouchers institués plus récemment. Cette liquidation offrait donc
des difficultés. L'administration ne trouva rien de mieux, pour les résoudre, que de proposer que les fonds
litigieux seraient employés à des dépenses d'utilité générale, pour la boucherie : remises de droits,
secours, fondation d'une maison de santé. Toutes ces propositions étaient très-philanthropiques, sans
doute ; mais puisqu'on proclamait la liberté absolue, pouvait-on se réserver le droit de disposer ainsi
des économies privées ?

Au reste, ce n'était point là l'objection la plus sérieuse.

La question capitale, soulevée par l'usurpation flagrante de 1825 (car il faut ainsi nommer cette
ordonnance), c'était celle d'une indemnité légitime pour les bouchers qui avaient, les uns, reçu en
héritage l'étal appartenant à leur père, ou à leur femme ; les autres, acquis le leur à prix d'argent ; les
derniers enfin, racheté deux étaux, par ordre du gouvernement, pour en occuper un.

« Il n'y avait pas de sophisme qui pût atténuer le droit à cette indemnité. On en trouva pourtant, car il
en existe toujours au service d'une iniquité.

Un économiste célèbre (que nous retrouvons avec confiance dans le sein de la Commission), malgré ses
préventions contre la boucherie de Paris, et son penchant pour la liberté absolue de notre commerce,
reconnut lui-même la justice de nos réclamations pour le remboursement des fonds consacrés
au rachat. La Chambre des députés renvoya, en 1826, au ministre de l'intérieur, sur les conclusions
prises à l'unanimité par sa commission, une pétition adressée, dans ce but, par notre syndicat ; et c'était
un an après la proclamation par le gouvernement, du principe de l'illimitation, que le rapporteur,
membre de la majorité ministérielle, était réduit, en rendant compte de cette pétition (15 mai 1826), à
présenter lui-même une observation favorable au rétablissement de la limitation.

« Il serait avantageux, disait-il, que les bouchers possesseurs d'étaux fussent obligés, ou du moins
» trouvassent un grand intérêt à aller eux-mêmes sur les marchés où la concurrence s'établirait au profit
» de l'agriculture ; mais il faudrait alors que LEUR NOMBRE FUT TEL que leurs achats pussent être faits
» par eux sans trop de dommage. »

On le voit, les fâcheux effets de l'illimitation n'avaient pas tardé à frapper l'attention des juges les
plus désintéressés dans la matière.

Les prétentions des bouchers en exercice étaient modestes, cependant. Ils demandaient que les
bouchers qui s'établiraient, en vertu de l'ordonnance de 1825, fussent tous tenus à verser 15,000 francs
dans une bourse consacrée à l'indemnité des bouchers existants. Or, la plus grande partie de ceux-ci
avaient payé leurs fonds de 20 à 50,000 francs. Et, comme ils étaient au nombre de 370, ce qui produisait en moyenne pour chaque étal, une valeur de 35,000 francs, formant pour les 370 étaux un
capital de 12,950,000 francs, et comme l'ordonnance de 1825 n'avait créé que 131 nouveaux bouchers, dont la contribution, à 15,000 francs par tête, n'aurait produit qu'une somme de 1,965,000 francs,
il s'ensuivait que les bouchers dépossédés n'auraient reçu réellement que le sixième environ de la valeur
de leur propriété.

Ce n'était pas exigeant. Quand l'Empereur voulut, non pas augmenter, mais diminuer le nombre des avoués et des imprimeurs, il imposa à ceux qu'il conservait l'obligation de payer une indemnité à ceux qu'il avait supprimés. C'était le juste prix du monopole qu'il assurait aux premiers. Eh bien, en sens inverse, le même principe d'équité aurait voulu que les bouchers nouveau venus, à titre gratuit, indemnisassent les bouchers anciennement établis, du monopole, disons mieux, de l'exploitation qu'ils venaient leur enlever.

C'était juste. Aussi ce ne fut pas exécuté. On opposa aux réclamations des bouchers existants qu'ils avaient assez gagné sur le revenu de leurs étaux, et qu'ils pouvaient bien faire le sacrifice du capital ! Admirable argument, à l'aide duquel on disait aussi aux propriétaires, en 1793, qu'ils touchaient depuis assez longtemps leurs fermages et leurs loyers, et qu'on pouvait bien leur prendre leurs terres et leurs maisons !

Nous espérons bien que ces précédents ne seraient pas sans fruit pour l'administration actuelle, si la fatale pensée de l'illimitation pouvait prévaloir dans les conseils. Que l'on se reporte à l'origine des étaux actuels. Cent quinze bouchers avaient racheté deux étaux pour un, de 1811 à 1825, sans compter ceux qui avaient opéré de la même façon, de 1802 à 1811. Une vingtaine environ ont fait la même opération de 1829 à 1832, époque où l'on suspendit la faculté, l'obligation créée par l'ordonnance royale.

Cent trente et un bouchers se sont établis à titre gratuit de 1825 à 1829. Que l'on traduise en chiffres toutes les pertes et tous les bénéfices résultant de ces mesures contradictoires, si légèrement conseillées à l'autorité, et l'on pourra se faire une idée des ruines et des iniquités que produirait une troisième épreuve du principe d'illimitation !

Nous n'ajouterons rien à ce résumé. Les paroles affaibliraient les raisons.

C'est à regret que nous avons vu la Chambre de commerce de Paris, composée alors, il est vrai, plutôt de banquiers que de commerçants et d'industriels pratiques, se montrer hostile, dès 1822, à la boucherie de Paris, et provoquer l'abolition de ce qu'elle voulait bien appeler notre monopole.

Au reste, les raisons qu'elle alléguait dénotaient assez qu'elle n'avait pas été bien renseignée, et que personne dans son sein ne s'était donné la peine d'étudier la question. Nous pardonnons donc à la Chambre de commerce de 1822 ses déclamations contre le privilége, et les graves erreurs de faits, et de chiffres qu'elle s'est permises. Celle de 1828 a réparé le tort de sa devancière.

Selon la Chambre de commerce de 1822, sur un bœuf de 400 kilog., le boucher gagne 160 fr. D'abord, nos bœufs sont de 310 à 315 kilog. ; première erreur. Le kilo, dit-elle, nous coûte 90 c. et nous le vendons 1 fr. 30 c. Le kilo nous coûte 1 fr. au plus bas, et nous le vendons à six prix différents, sur lesquels, vu l'inégalité des qualités et des quantités, nous ne saurions établir une moyenne. Mais si nous vendons une partie à 65 ou 70 c. la livre (le 1/2 kilo), nous en vendons neuf à dix parties à 50, à 40, et à 35 c.

Enfin la Chambre du commerce estimait la vente de nos étaux à 70,000 fr. ; c'était un anachronisme ; à cette époque ils ne valaient que de 30 à 40,000 fr., et il y a longtemps qu'on ne vend plus les meilleurs que sur le pied de 10,000 fr.

Résumons-nous. On vient de voir quels avaient été les effets désastreux de l'illimitation, de quels désordres et de quelles iniquités elle avait été la source ; sur quels arguments inexacts ou passionnés on l'avait adoptée et préconisée ; quelles erreurs de principe, de fait et de chiffres avaient présidé à cette fatale expérience ; veut-on la recommencer ?

CHAPITRE V.

LIMITATION DU NOMBRE DES BOUCHERS.

Ordonnance de 1829.

Tel est, heureusement, en administration comme en politique, l'effet des réactions trop violentes qu'elles provoquent et qu'elles amènent nécessairement une réaction contraire, d'autant plus motivée, et d'autant mieux reçue qu'elle n'arrive que pour réparer des abus intolérables.

Les théories avaient inspiré l'ordonnance de 1825; les faits dictèrent l'ordonnance de 1829.

Ainsi, les faits que nous venons de produire contre l'illimitation deviennent autant d'arguments pour la limitation.

La limitation fut rétablie à 400 bouchers pour Paris, toujours par le moyen du rachat de deux étaux pour un;

Le principe fut posé par l'ordonnance royale de 1829;

Le moyen fut réglé par l'ordonnance de police du 25 mars 1830.

Et, comme l'a reconnu M. le Ministre de l'agriculture et du commerce dans la *notice* très-développée qu'il a fait distribuer au Conseil général des manufactures, du commerce et de l'agriculture, cette ordonnance royale, et par conséquent l'ordonnance d'exécution administrative qui en est émanée, sont encore les règles SUPÉRIEURES de toutes les questions relatives à la boucherie de Paris.

Toutefois, nous sommes assez forts de notre cause et de son utilité publique, pour ne pas nous arrêter à une question de droit, à la revendication d'un engagement pris, et d'une décision *supérieure* et souveraine. Dans ce siècle de discussion, il ne suffit pas d'avoir raison en droit, il faut l'avoir en principe, et, en bonne logique, l'équité prévaut sur la justice. Nous pouvons invoquer la justice, mais nous ne croyons pas que cela nous dispense de prouver l'équité.

Or, devant une commission sincère telle que nous la voyons, ce n'est pas le droit que nous plaiderons (cette discussion est réservée pour le conseil d'État, s'il en est besoin);

C'est la raison déterminante de la limitation, c'est la question de fond que nous développerons.

Nous venons de démontrer que l'illimitation était dangereuse.

Prouvons que la limitation est utile.

Et nous aurons rempli le devoir d'honnêtes gens qui ne font pas de la chicane, mais de la vérité.

Il est inutile, nous l'avons dit, d'aller rechercher dans les vieux édits des rois et des parlements les règles de la boucherie. Néanmoins, on y trouverait des raisons solides qui seraient encore de valeur aujourd'hui, parce que, si les intérêts politiques sont variables, l'intérêt social est permanent, et lui seul avait inspiré cette vieille législation, qui n'était pas improvisée, sans étude et sans examen.

Et c'est déjà un préjugé favorable pour une institution qui n'avait rien de féodal, qui ne touchait en rien aux intérêts des classes privilégiées, que cette longue possession d'État, ces traditions parlementaires et municipales qui conservaient, non pas par esprit de caste, mais par des considérations d'intérêt public, les statuts d'une corporation éminemment populaire, dans laquelle de bonnes familles bourgeoises tenaient dès lors à honneur de se continuer au service du peuple.

Mais n'invoquons pas les traditions du passé, à une époque où on affecte de les méconnaître et de les mépriser. Nous souhaitons au présent de faire mieux. L'avenir en jugera.

Ne datons que de 1802.

Le législateur de 1802 n'avait pas en vue d'établir un privilége au profit du commerce de la boucherie. Il ne s'agissait, pour lui, que de réparer les désordres produits par l'émancipation de 1791. A travers l'anarchie qui avait envahi ce commerce et comprom's la santé publique, il s'était établi un grand nombre de prétendus bouchers qui, sans expérience et sans solvabilité, achetaient, sans règle, plus de bétail que leur débit n'en comportait, et se trouvaient ensuite dans la nécessité de l'abandonner à vil prix au public, quand la viande était altérée gravement. On imposa donc des conditions d'aptitude pour exercer cette profession, et un cautionnement pour garantir au moins la solvabilité du marchand. Les premiers résultats de cette mesure en prouvèrent assez l'utilité ; et le désordre était tel, que, malgré la modicité du cautionnement (1,000, 2,000 et 3,000 fr.), plus de la moitié des individus qui exploitaient la profession de boucher disparurent du marché public, et (quoique l'arrêté des consuls n'eût pas fixé un nombre voulu) en laissèrent l'exploitation à des commerçants expérimentés et solvables.

C'est ainsi que la limitation s'effectua d'elle-même, par la force des choses, et sous l'empire des besoins généraux, sans que la loi eût pesé sur cette réduction par une fixation déterminée.

La limitation n'était donc pas, à son origine, une invention, une injonction de l'autorité ; c'était un niveau naturel établi par la convenance des intérêts et par le cours des affaires.

Le gouvernement avait aussi consulté, en prenant cette détermination, l'intérêt de l'approvisionnement de Paris, qui commandait de proportionner le nombre des bouchers au nombre des consommateurs, de manière que chaque boucher, sachant bien ce qu'il pourrait débiter de viande, ne fût pas exposé à acheter une quantité de bétail plus ou moins considérable que celle dont il avait besoin.

Il fallait s'assurer également que les bouchers ne quitteraient plus leurs étaux dans les époques défavorables pour les reprendre au moment où ils n'auraient que des bénéfices à attendre.

Une longue expérience a démontré, en effet, que les bouchers qui ont des abonnements fixes avec leurs pratiques, font des bénéfices certains depuis le mois de septembre jusqu'au mois de février ; que les bénéfices et les pertes se balancent de mars en avril, et qu'il y a pour eux perte forcée en quelque sorte en mai, juin et juillet, et même dans le mois d'août, si les *bœufs d'herbe* n'arrivent pas en abondance. Contre de pareilles chances il y avait donc des précautions à prendre; et ces précautions, qui sont autant de servitudes pour les commerçants de cette catégorie, ne pouvaient leur être imposées qu'en échange d'avantages spéciaux.

La limitation était donc à la fois une garantie pour l'approvisionnement et une compensation pour le boucher.

Tel fut l'esprit de l'arrêté consulaire de 1802.

On s'aperçut bientôt que les moyens n'étaient pas encore assez efficaces pour le but qu'on se proposait.

Cette première réduction ayant laissé subsister encore un trop grand nombre d'exploitants, un arrêté du préfet de police, en date du 13 juin 1808, obligea les garçons bouchers qui voudraient s'établir, à présenter deux fonds en activité, dont l'un serait supprimé. Ce mode de réduction, approuvé par le Ministre de l'intérieur, fit descendre successivement les étaux de bouchers à 471 ; jusqu'à ce qu'enfin le décret du 6 février 1811, portant création de la Caisse de Poissy, consacra en principe la limitation du nombre des bouchers de Paris, et ordonna qu'il descendrait à 300.

Qu'on nous permette d'insister sur cet aperçu de la question qu'on a perdu trop souvent de vue, que la limitation a été conçue et opérée par l'initiative du gouvernement, sans qu'on ait même consulté la ville de Paris et le commerce de la boucherie, et seulement par des considérations d'intérêt général qu'on était sûr d'avance de voir bien accueillis par le conseil municipal et par les bouchers.

Ce sont les intérêts privés qui se sont attaqués, depuis, à la limitation que nous n'avons défendue nous-mêmes, que nous ne défendons encore que dans la pensée d'ordre public qui en avait fait établir le principe.

Répondons en passant à cette insinuation, que la limitation avait eu pour effet d'accroître démesurément le prix des étaux. Si cela était vrai il y a trente ans, il n'en est rien aujourd'hui, où la valeur des fonds de boucherie est presque nulle. Mais le principe de limitation était étranger à un effet tout passager. L'achalandage des établissements de commerce est tellement recherché à Paris, qu'on voit vendre à des prix fort élevés des fonds existants dans des genres d'industrie qui ne sont soumis à aucune restriction, ni à aucune limitation, tels que les cafés et les magasins d'étoffes, quoique ceux qui font de tels sacrifices pour se les procurer aient toute liberté de former à côté, ou en face, gratuitement, des établissements semblables, et d'offrir au public l'avantage du meilleur marché.

Mais le principe de la limitation et les prétendus avantages qu'il devait assurer au commerce de la boucherie étaient bien rachetés par d'autres institutions contemporaines, toujours conçues, nous le reconnaissons, dans l'intérêt général, mais dont la charge, traduite en chiffres, retombait tout entière sur le commerce de la boucherie, que l'on ne consultait en rien. Ainsi, les droits de la Caisse de Poissy étaient augmentés et on lui donnait hypothèque privilégiée sur la valeur des étaux. Ainsi, la création des abattoirs substituait un prix d'abat de 12 fr. 50 c. au prix de 3 fr. que les bouchers payaient, dans les échaudoirs particuliers, pour les quatre espèces de bétail.

Voilà ce qu'on oublie toujours quand on compare le prix de la viande avant ou après l'établissement de ces charges extraordinaires, qui se sont converties en impôts permanents.

Ajoutons que la concurrence de la vente des viandes sur les marchés prit naissance à la même époque ; mais au moins l'administration eut-elle soin de l'environner d'un grand nombre de précautions qui préservaient le commerce des désordres que nous voyons commencer aujourd'hui et qui menacent de s'accroître indéfiniment.

C'était là, déjà, une sauvegarde contre ce qu'on appelle le monopole ; c'était bien prouver que la limitation rétablie progressivement par les actes législatifs de 1802 et de 1811, n'était pas un moyen de monopole. L'administration apportait d'ailleurs le plus grand soin à faire revivre toutes les dispositions des anciens règlements, qui étaient autant de garanties contre toute tendance à un privilége exclusif.

Les lettres patentes du 1er juin 1782 peuvent être considérées comme le code le plus complet de toutes les mesures relatives au commerce de la boucherie de Paris. L'intérêt des approvisionneurs, celui des consommateurs et celui des bouchers y sont ménagés et tenus dans un juste équilibre. Eh bien ! la plupart des dispositions contenues dans ces lettres patentes, dont la loi de 1791 avait annulé tous les avantages, se retrouvent dans les règlements publics depuis 1802, et la Cour de cassation en a confirmé plusieurs fois l'application.

Toutefois, le bien ne se fait pas aussi vite que le mal. Les funestes effets de l'anarchie déchaînée dans le commerce de la boucherie se firent longtemps ressentir, et même après l'arrêté de 1802. Deux années de sécheresse aggravèrent le mal, au point que le gouvernement fut obligé de faire des sacrifices considérables pour soutenir l'approvisionnement des marchés par des achats à l'étranger. Cependant, l'arrêté consulaire, exécuté avec soin, parvint à rétablir l'ordre. Dès 1804, le prix de la viande descendit à un taux modéré, et s'y maintint jusqu'en 1811, époque où une nouvelle sécheresse força de recourir encore à la ressource des importations.

De 1811 à 1822, la limitation que le décret impérial avait fixée à 300 bouchers, n'avait encore eu pour effet que de ramener ce nombre à 370. Nous ne réclamions pas un amortissement plus rapide. Il y a mieux : le gouvernement ayant jugé que l'accroissement des affaires et l'extension de la capitale pouvaient justifier plus de latitude et permettre de surélever de 70 le nombre fixé par le décret, nous nous gardâmes bien de faire aucune objection ; car, encore une fois, il ne s'agit pas pour nous d'un monopole à défendre, il s'agit d'obtenir que le nombre des étaux, à Paris, reste toujours proportionné à la consommation dans une juste mesure : aussi avons-nous toujours proposé que le cadre de la boucherie fût accommodé au mouvement de la population. C'est une base qui ne trompera personne et qui assurera un bon service à tout le monde. Ce ne serait point là une limitation aveugle et murée; ce serait une limitation intelligente et progressive. On trouvera dans le rapport de M. Boulay (de la Meurthe) des calculs utiles sur ce sujet; il est superflu de les reproduire ici ; la Commission a ce rapport sous les yeux.

De 1822 à 1825, les choses restèrent en cet état. Mais les élections de 1824 avaient eu lieu, élections d'où devaient sortir la septennalité de la chambre et l'indemnité des émigrés. Des engagements avaient été pris imprudemment, par l'autorité, envers les pays d'herbages, qui, abusés alors sur leurs véritables intérêts et sur les causes de la baisse du prix des bestiaux, avaient demandé la liberté absolue. On en essaya encore une fois : de là l'ordonnance de 1825, dont nous venons de retracer les inconvénients dans le chapitre qui précède.

On ne tarda pas à les reconnaître, et l'ordonnance de 1829 suivit de près celle de 1825.

La nouvelle ordonnance rétablissait les principes constitutifs de la boucherie : limitation du nombre des bouchers (400); syndicat ; rachat des étaux à réduire (117); certificats d'aptitude spéciale ; exploitation d'un seul étal par chaque boucher ; obligation d'exploiter par soi-même, et sans interruption ; cautionnement ; affectation des intérêts du cautionnement à des dépenses générales et utiles, et à un fonds de secours et de pensions ; soumission aux règlements de police ; obligation de s'approvisionner sur les marchés désignés et de n'abattre que dans les abattoirs généraux ; interdiction du commerce à la cheville ; marque des bestiaux pour constater la visite ; enfin, concurrence limitée des bouchers forains.

Il y avait dans ces dispositions des sûretés pour tous les intérêts ; malheureusement, on n'a pu en juger; car l'ordonnance, exécutoire seulement à partir du règlement d'administration du 25 mars 1830, fût arrêtée dans son application, dès la fin de juillet de la même année. Une révolution éclata, et l'on sait qu'il est de doctrine constante que, le lendemain d'une révolution, il faut tout recommencer, comme si rien n'avait existé la veille ; c'est une théorie à la mode, dont on se désabusera peut-être.

Dès la fin de 1830, nous avons réclamé vainement l'exécution de l'ordonnance de 1829, non rapportée, et qui est restée comme une lettre morte. De 1830 à 1840, l'autorité n'a rendu que des décisions sans valeur légale, pour en atténuer les avantages et pour aggraver les charges qu'elle nous imposait.

C'est en 1840 seulement, après dix ans d'illégalité systématique, que l'on songea à préparer un nouveau projet d'ordonnance, à consulter les corps constitués, à s'entourer de toutes les lumières, et quand, au terme de ces études consciencieuses et approfondies, on s'aperçut que le projet qui en était sorti maintenait ou plutôt rétablissait la limitation du nombre des bouchers (proportionnellement à la population), on laissa le travail dans les cartons, huit années encore, jusqu'à ce qu'une troisième révolution vint remettre, comme la seconde, en question, trois siècles d'expérience, et une législation républicaine, impériale et royale, qui avait proclamé, trois fois, sous des auspices différents, le même principe, le seul principe vrai !

Ce principe de la limitation, qui peut seul donner à l'autorité le droit d'imposer des règlements que ne comporterait pas une profession libre (et qui sont, cependant, si indispensables à la sûreté de l'approvisionnement, et à la salubrité d'une denrée de première nécessité), ce principe n'a-t-il pas été appliqué à la boulangerie, par exemple, et les résultats n'ont-ils pas justifié l'organisation établie (1) ? L'application n'en est-elle pas plus nécessaire encore à celle de ces deux denrées qui devient périssable dès qu'elle a été préparée pour la consommation? C'est là qu'il faut, dans l'intérêt de la santé publique, une surveillance active, forte, puissante. On a vu combien cette surveillance était inefficace dans un régime de liberté absolue ; que peut-elle, même aujourd'hui, avec deux inspecteurs chargés de visiter

(1) Un journal qui combat l'organisation de la boucherie vient, dans le numéro même où il nous portait des attaques injustes, de publier la *Note* qui suit en faveur de la boulangerie. Comment les mêmes sympathies ne seraient-elles pas acquises aux deux

sur les marchés, en une ou deux heures, 16 à 1,800 bœufs ou vaches, 800 veaux, et 8, 10, 15,000 moutons?

Consultons d'autres intérêts.

De nombreux exemples ont fait ressortir le danger qu'il y aurait à se confier exclusivement au commerce libre pour l'approvisionnement des marchés de bestiaux dans les temps difficiles. Des règlements suivis avec exactitude, prescrivent l'envoi sur les marchés de Sceaux et de Poissy, de tous les bestiaux vendus dans un rayon de vingt lieues autour de Paris. On prévient ainsi les ventes clandestines, les disettes factices, et le haut prix qui en serait la suite.

Ce sont les désordres qui se sont introduits dans le commerce de la boucherie pendant la révolution qui ont surtout éclairé l'administration sur la nécessité de proportionner le nombre des bouchers aux besoins réels de la consommation; car, tant que le nombre en a été illimité, le prix des bestiaux n'a pas baissé dans la proportion de l'abondance qui se trouvait sur les marchés, et les approvisionneurs effrayés par les pertes que leur faisaient éprouver des bouchers insolvables, avaient fini par n'approvisionner qu'imparfaitement.

En général, il n'arrive sur les marchés que la quantité de bestiaux nécessaires à la consommation ordinaire. Une longue habitude, un tact sûr de la part des marchands, la disposition des foires, la nature des choses qui veut que les provinces qui concourent à l'approvisionnement de Paris ne puissent fournir qu'à des époques différentes et en quantité déterminées, tout s'est réuni jusqu'à ce jour pour assurer ce résultat, qu'il n'arrive à Sceaux et à Poissy que le nombre de bestiaux nécessaires aux besoins de chaque semaine.

Si donc on multipliait indéfiniment le nombre des bouchers, il en résulterait une concurrence forcée. Dans les jours d'abondance, il y aurait sans doute avantage pour les herbagers, qui obtiendraient de meilleures conditions. Mais supposez au contraire une époque de rareté, où le marchand, au lieu d'offrir les bestiaux, attend l'acheteur, et lui impose à son tour des conditions, un nombre illimité de bouchers feraient élever le prix dans une proportion inquiétante, qui tournerait nécessairement au préjudice du consommateur (1).

Il existe entre le prix d'achat des bestiaux sur pied et le prix de la vente au détail, une différence qui,

professions qui alimentent Paris de ses deux denrées les plus essentielles ? Nous prouvons au chapitre X que leur cause est solidaire.

« On écrit de Bruxelles :

« A dater du lundi 9 décembre, le prix *maximum* du pain est coté comme suit par kilog. première qualité (blanc) 30 c., baisse » 1 c.; deuxième qualité (ménage) 24 c., baisse 1 c.

» Le prix du pain pour les faubourgs est réglé sur celui de la ville.

» Nous enregistrons cet arrêté municipal de Bruxelles, *ville où la boulangerie est libre, comme un point curieux de com-* » *paraison avec la taxe du pain à Paris, où la boulangerie est organisée.*

» A Paris, le pain blanc est taxé à 26 c. le kilog., et le pain bis à 18 c.

» Nous ignorons à quel prix se vend, à Bruxelles, la farine qui sert à faire le pain blanc; mais nous connaissons le prix du blé » dans cette ville, et nous pouvons facilement établir la comparaison des prix régulateurs entre Bruxelles et Paris. Nous admettons » donc que la farine vaut, à Bruxelles, 2 fr. par quintal de plus qu'à Paris, soit 28 à 30 fr. au lieu de 26 à 28 fr. — Eh bien, le » quintal de farine étant de 28 à 30 fr., le prix du pain ne serait taxé à Paris que 28 c. le kilogramme, et non pas 30 c. comme à » Bruxelles.

» *L'avantage pour le consommateur est donc dans le régime établi à Paris.*

(1) Constatons, quant à l'intérêt du consommateur, les effets des diverses organisations qui se sont succédé. La viande se payait, *terme moyen :*

      9 sous   en 1789, avec 230 bouchers ;
     10 sous   en 1824, avec 370 id.
     11 sous 1/2 en 1828, avec 510 id.
     12 sous 1/2 en 1834, avec 500 id.

en général, donne un taux moyen au-dessus duquel le boucher ne trouverait point d'acheteurs, au dessous duquel il perdrait; et comme il ne se consomme à Paris qu'une quantité bien connue de viande de boucherie, il s'ensuit qu'il y a une somme presque invariable de bénéfices à partager entre les bouchers. Dans cet état de choses, et la consommation n'augmentant pas à mesure que le nombre des bouchers se multiplierait, les frais d'exploitation s'accroîtraient, car ils ne sont pas moindres pour celui qui tue deux bœufs par semaine que pour celui qui en tue quatre et cinq; et, partagés dès lors entre un trop grand nombre, les bénéfices seraient bien faibles pour tous.

Le boucher cependant ne voudra pas se ruiner; il faudra qu'il retrouve ses frais dans un bénéfice quelconque; il augmentera son prix, ou, s'il n'ose le faire, il tentera de s'indemniser d'une autre manière. Il est donc permis d'en conclure que la concurrence illimitée qui, dans tout autre genre de commerce, doit donner l'abondance et amener le bas prix, produirait en effet le contraire dans le commerce de la boucherie.

Passons à l'intérêt de l'approvisionnement de Paris. Nous vivons à une époque où l'administration est condamnée à prendre plus de précautions que jamais contre l'imprévu. Hélas! l'imprévu, c'est ce que nous avons vu hier, et nous ne savons quel autre nous verrons encore demain!

Dans les tristes épreuves que l'ordre public a subies depuis trois ans, il y a eu diverses causes de ralentissement dans l'envoi des denrées, ou de perte des denrées acquises. Toutefois, au 24 février, avant la curée du marché des Prouvaires, l'approvisionnement de la capitale ayant été compromis par l'interception des convois, la boucherie dut cependant suffire à tout et préserver Paris; elle y réussit alors. Mais, depuis cette époque, le marché public étant livré, en grande partie, à la bonne volonté d'approvisionneurs qui peuvent, sous l'empire de certaines circonstances, manquer à l'appel durant quelques jours, que pourrait la boucherie de Paris à laquelle on ne tarderait pas à recourir? Prise au dépourvu, puisque la concurrence effrénée qu'on lui oppose la force de limiter ses achats et ses provisions, elle ne pourrait suffire qu'à une partie des besoins! C'est ce danger qu'on a couru à une époque critique (1).

(1) Le syndicat de la boucherie a dû publier, à cette époque, dans le *Siècle*, les explications suivantes :

A *Monsieur le Rédacteur du* Siècle.

Monsieur,

L'approvisionnement de la capitale a été gravement compromis ces jours derniers; il a même été sur le point de manquer totalement. Les circonstances dans lesquelles se trouve placée la boucherie de Paris nous mettent dans la nécessité de recourir à la publicité de votre journal pour démontrer que, dans tout ce qui s'est passé depuis les dernières ordonnances, les funestes résultats qu'elles ont produits ne doivent nullement être attribués à notre corporation, qui décline toute responsabilité à cet égard.

Jusqu'en 1848, la boucherie de Paris a été régie par des ordonnances et des règlements qui étaient le fruit d'une longue expérience. Le principal mérite de son organisation était d'avoir su concilier tous les intérêts. La concurrence établie par ces ordonnances avait été contenue dans de sages limites, et l'approvisionnement était assuré sous le double rapport de la durée et de la salubrité.

L'ordonnance du 14 août 1848, en accordant à la boucherie foraine 121 places dans les marchés, a réduit considérablement la clientèle des bouchers de Paris, en sorte que leur approvisionnement a dû diminuer dans la même proportion.

Il s'est perdu dans les dernières chaleurs une grande quantité de viandes, et un grand nombre de bouchers forains, découragés par ces pertes, n'ont pas occupé leurs places, qui seront reprises dans un temps plus favorable.

Il en est résulté :

1° Que la perte de ces marchandises a augmenté le prix de celles livrables à la consommation;

2° Qu'on n'a pu se procurer ces dernières qu'avec beaucoup de difficulté;

3° Que l'approvisionnement de la capitale est retombé presque entièrement à la charge des bouchers de Paris, qui n'étaient plus en mesure d'y concourir comme précédemment, vu la diminution de leurs affaires et la position qui leur a été faite par l'ordonnance précitée.

Quant au surenchérissement de la marchandise, s'il pèse sur les acheteurs, ce serait à tort que l'on pourrait croire qu'il pro-

» Or, s'il en est ainsi dans l'ordre de choses à peu près suffisant où se trouve le commerce, que serait-ce avec la liberté illimitée? Quel droit aurait l'autorité, dans un régime d'absolue liberté, de forcer un boucher à tenir son étal ouvert et garni? Qui l'empêcherait, dans des jours de cherté et de rareté, de suspendre un commerce qui ne lui offrirait aucun avantage? A-t-on jamais forcé les marchands de volaille, de légumes et de poisson à acheter et à vendre? Est-ce aux bouchers seulement qu'on dira : *Restez esclaves des règlements qu'il nous plaira de faire, et ne soyez libres que de vous ruiner !*

Les avantages de la limitation, au point de vue de l'intérêt général, peuvent se résumer ainsi :

Que le boucher ayant un débit suffisant et assuré, est toujours bien approvisionné;

Que le commerce donnant des profits suffisants, rend un boucher solvable, et par cela même le met en position de pourvoir aux éventualités, quelque difficiles qu'elles puissent se présenter;

Que le boucher se trouve toujours sous la main et sous la surveillance de l'autorité, de façon qu'il ne peut lui échapper ni se soustraire, dans les moments de crise, à l'obligation que sa profession lui impose de subvenir en tout temps, et pour sa part, à l'approvisionnement de la capitale.

Nous venons de rappeler les exemples du 24 février 1848 et de juin 1849, époque du choléra, où les forains manquèrent; le syndicat a pourvu à tout.

Or, ce qui fut alors possible ne le serait plus aujourd'hui. Vienne la crise, et les bouchers de Paris, à moitié déchus par les ordonnances de police des deux dernières années, ne peuvent répondre de suffire et de pourvoir aux éventualités.

En effet, ces mesures nouvelles ayant eu pour résultat la diminution de toutes les clientèles, il s'ensuit naturellement que l'approvisionnement bi-hebdomadaire de chaque étal est en rapport avec le débit réduit qui s'y effectue, et se trouve de moitié ou de deux tiers moins considérable qu'il n'était auparavant.

Ce fait peut ne pas effrayer l'observateur superficiel qui, pour voir combler journellement le déficit, compte sur les apports de l'extérieur.

Mais si ces apports sont éventuels et ne sont point assurés, que dira-t-il?

Et c'est là justement ce qui a lieu. Que l'émeute gronde dans la capitale; que des troubles civils inquiètent les amateurs du marché des Prouvaires; que l'épidémie décime les habitants; et voilà aussitôt que les apports extérieurs sur lesquels l'administration croyait pouvoir compter, manquent tout-à-coup à un jour donné.

Ce n'est pas tout : dans l'état de choses établi par les nouvelles ordonnances, un événement aussi funeste peut se produire, même en temps ordinaire, en dehors de toute crise politique ou autres, et cela sans que l'administration ait pouvoir de l'empêcher.

Il y a sur les marchés des places situées plus ou moins favorablement; eh bien, les forains à qui sont échues les moins avantageuses peuvent ne point les occuper et les laisser dégarnies.

Enfin, la vente de la viande n'est point profitable à toutes les époques de l'année. Ainsi, généralement, les bouchers peuvent faire des bénéfices vers les mois d'hiver; mais en mars et en avril, les pertes et les bénéfices se balancent; en mai, juin, juillet, il y a perte; en août, il y a, à la vérité, bénéfice si

fite à la boucherie. Ses acquisitions se sont faites à un prix beaucoup plus élevé, et si les tristes épreuves que nous venons de subir pouvaient offrir quelques avantages à la spéculation, nous serions les premiers à y renoncer.

Nous avons plusieurs fois averti l'autorité des inconvénients sérieux qui pouvaient résulter des mesures qu'elle a prises; elle n'a pas fait droit à notre réclamation. Ces mêmes inconvénients pourront se reproduire sous peu de temps.

Afin que la responsabilité retombe sur qui de droit, nous avons cru devoir prendre l'initiative en vous priant d'insérer dans votre journal cette lettre, qui répondra d'avance à tous les reproches qui pourraient nous être adressés à ce sujet.

Agréez, etc.

Les membres du syndicat de commerce de la boucherie de Paris,

Lescuyot, syndic; Bellamy, Dubus, Duval, L. Chéron, Vavasseur, Clacquesin, adj.

les bœufs d'herbes abondent; mais, dans le cas contraire, il y a perte encore. Or, si, lorsque les profits sont nuls, les forains veulent s'abstenir en masse d'alimenter les marchés, voilà donc, à un moment possible, à un jour donné, Paris privé soudain du quart, de moitié, des deux tiers de son approvisionnement quotidien. Ce jour-là, que fera l'administration? Comment pourra-t-elle forcer les forains à supporter ces pertes? Et d'ailleurs où ira-t-elle les chercher s'ils s'obstinent à faire défaut?

L'unique pénalité dont, aux termes des règlements, elle peut, dans ce cas, les frapper, est la perte de la place même qu'à l'avance et volontairement ils ont abandonnée. Qu'est-ce pour eux que cette peine? Il leur reste leur étal situé au-dehors, sur l'exploitation duquel l'administration n'a aucune action; et puis, d'ailleurs, un tirage subséquent peut leur rendre, dans des jours meilleurs, la place qu'ils ont délaissée aux moments difficiles.

Mais, objectera-t-on, la crise ne serait pas longue, elle cesserait le lendemain ou le surlendemain; soit. Toutefois, représentez-vous dans le premier instant l'effet de la surprise, l'inquiétude et l'émotion éprouvées par cette masse énorme de population que les faubourgs renferment! L'hiver de 1847 ne nous a-t-il pas montré ce que peuvent produire sur des esprits ignorants et mal préparés, des bruits de disette et de famine bien moins justifiés qu'ils ne le seraient dans ce cas?

Telle serait la situation, et tellement illégale et mauvaise on l'aurait faite, que, pour en sortir immédiatement, l'administration serait forcée de recourir à une nouvelle injustice. M. le préfet de police n'aurait évidemment pas d'autre moyen que de s'adresser aux bouchers de Paris, et c'est ainsi qu'il faudrait que ceux-ci, qu'on sacrifie aux marchands du dehors dans les moments avantageux, pourvussent à l'approvisionnement durant la cherté; qu'ils supportassent seuls les pertes que le forain refuserait de partager, alors qu'aux jours meilleurs on le met à même d'absorber les bénéfices.

Et de quel droit le pouvoir recourrait-il à une industrie, devenue libre, et qui aurait à lui opposer le reproche de sa ruine?

Voilà pour l'intérêt de l'approvisionnement.

Parlons maintenant de l'intérêt des herbagers, qui se confond dans celui-là. En effet, l'approvisionnement repose sur la confiance des approvisionneurs. Il faut que les herbagers soient certains d'être payés du prix de leurs bestiaux; autrement l'amenage diminue et le marché peut manquer de provisions.

Dira-t-on que la Caisse de Poissy garantissant aux herbagers le paiment comptant de leur vente, ce danger n'est pas à craindre? C'est une erreur manifeste, puisque la Caisse ne prête qu'en raison de la solvabilité, et qu'elle ne prêterait pas si elle pouvait craindre de ne pas recouvrer ses avances.

Or, la solvabilité des bouchers dépend d'un débit suffisant et de la valeur de leurs étaux, qui n'est qu'une conséquence de l'importance de leur débit.

Et, pour qu'un boucher soit assuré d'un débit suffisant, il faut que le nombre des bouchers soit en harmonie avec les besoins de la population, c'est-à-dire que, répartition faite entre tous les bouchers de la capitale, du chiffre total de la consommation, chaque boucher soit assuré d'un *minimum de débit* sans lequel il ne peut être à même de supporter les charges de sa profession.

Chose remarquable, c'est sur la demande des herbagers eux-mêmes que cette limitation a eu lieu; et ici se place une observation propre à démontrer que la limitation est favorable à l'agriculture comme elle l'est à l'approvisionnement.

Il semblerait, au premier aperçu, que les herbagers (et ils l'avaient cru eux-mêmes en 1824) dussent avoir intérêt à ce que le nombre des bouchers soit indéfini. Il n'en est pas ainsi, non-seulement parce que la solvabilité est précisément en raison inverse de l'accroissement du nombre des bouchers; mais aussi parce que l'extrême multiplicité des bouchers diminue au lieu d'augmenter la concurrence sur les marchés.

Quand les bouchers sont trop nombreux, ils ne peuvent tous se rendre à Sceaux et à Poissy. Comment exiger d'un homme qui débite un ou deux bœufs par semaine d'ajouter à ses charges les frais de ce double voyage? Qu'arrive-t-il alors? Les marchés ne sont plus fréquentés que par un petit nombre de bouchers solvables qui alimentent tous les autres. L'importance des acquisitions faites par ces bouchers, leur situation pécuniaire et surtout le défaut de concurrence résultant du petit nombre des acheteurs, arrachent aux herbagers des concessions qui compromettent gravement leurs intérêts.

C'est là un fait incontestable. « Il serait peut-être avantageux, » (disait, à la séance de la Chambre des députés du 13 mai 1826, le rapporteur de la commission des pétitions, après avoir signalé les effets désastreux de l'ordonnance de 1825), « que les bouchers possesseurs d'étaux fussent obligés, ou au moins trouvassent » un grand intérêt à aller eux-mêmes sur les marchés où la concurrence s'établirait au profit de l'agri-» culture; mais il faudrait, alors, que *leur nombre fût tel*, que leurs achats pussent être faits par eux » sans trop de dommages. » Cette citation avait besoin d'être reproduite ici.

Ainsi, l'illimitation des bouchers a pour conséquence, non la liberté du commerce de la boucherie, mais bien le monopole en faveur de certains bouchers, au préjudice de la masse ; et ce monopole a, en outre, pour résultat, d'une part, la concentration en quelques mains de l'approvisionnement de la capitale, de l'autre, un dommage réel pour les nourrisseurs de bestiaux.

Ce n'est pas tout, et le dommage causé aux agriculteurs ne se borne pas à un dommage pécuniaire ; l'état de pénurie du commerce en général, conséquence forcée du trop faible débit des bouchers, les oblige à s'approvisionner de bestiaux de qualités inférieures. La nécessité de soutenir la concurrence force bientôt les bouchers plus aisés à suivre le même système ; alors, l'herbager se décourage ; il ne s'attache plus à la reproduction des bestiaux de première qualité ; il s'occupe uniquement d'en multiplier le nombre le plus possible. L'infériorité du poids de ces bestiaux mal nourris ayant pour effet nécessaire la substitution de la viande maigre à la viande grasse, le nombre seul peut compenser l'insuffisance du poids ; et des bestiaux trop jeunes se trouvant livrés à la consommation, il s'opère une anticipation sur la production, et l'économie rurale éprouve les plus graves atteintes.

Ce n'est pas là une vaine théorie ; c'est là encore un fait prouvé par les états officiels, que, sous l'empire de l'ordonnance de 1825, le poids et la consommation des bœufs a diminué, tandis que la consommation des vaches, ces animaux si essentiels à la reproduction, a augmenté d'une manière inquiétante pour l'agriculture.

Nous voici arrivés à la troisième question : L'intérêt des consommateurs, qui se rattache également à la limitation du nombre des bouchers. Il est de toute évidence que lorsque le débit des bouchers décroît par suite de l'augmentation de leur nombre, ceux-ci ne peuvent renouveler leur marchandise aussi souvent qu'il serait nécessaire ; ils sont réduits, pour la plûpart, à n'offrir au public que des étaux mal approvisionnés, des viandes de qualités inférieures, et quelquefois même avariées, faute de pouvoir être débitées en temps utile. L'expérience atteste également que le prix des morceaux de choix étant fixé (par suite de contrats mensuels ou annuels, entre le fournisseur et le client), de manière à ne pouvoir subir d'augmentation, le boucher, dont le débit diminue, se voit obligé de faire peser l'augmentation sur le prix de la basse viande. C'est ce qui est arrivé sous l'empire de l'ordonnance de 1825. La livre de basse viande, jusqu'alors à 30 cent., s'est successivement élevée à 40 cent. et à 45 ; et la consommation, au lieu de devenir plus facile pour la classe ouvrière ou indigente, s'est ralentie proportionnellement.

Les faits sont donc d'accord avec le raisonnement pour démontrer que la limitation favorise, seule, l'approvisionnement, l'agriculture et la consommation.

Nous aurions voulu éviter devant la Commission dans laquelle siège l'honorable M. Horace Say, d'élever quelques observations sur une *opinion* émise par lui, dans le *Journal des économistes*, au nom de la minorité de la Commission dont M. Boulay, de la Meurthe, était rapporteur en 1840.

Mais l'autorité des opinions de M. Say est si grande, qu'on ne nous pardonnerait pas de la laisser en dehors de cette discussion, et que, lui-même, au lieu de voir dans nos humbles objections la prise à partie d'un de nos juges, y reconnaîtra un hommage rendu à sa science, à son impartialité.

M. H. Say veut la liberté, et il la comprend. Aussi ne veut-il rien garder du régime exceptionnel de la boucherie. Il n'est pas de ceux qui prétendent nous imposer les charges de la réglementation, en nous privant du peu d'avantages qu'elle nous réserve. Il s'indigne de cette instabilité de la législation, gouvernementale ou administrative, qui, depuis 40 ans, nous a fait perdre, au gré du caprice des hommes du pouvoir, 1,600,000 fr. sur le rachat d'étaux, prescrit par l'administration, et la valeur de nos fonds qui pouvait s'élever en 1824, à 12,000,000. Cette mobilité nous a ruinés, tandis que la liberté bien conçue, bien pratiquée, selon lui, nous aurait indemnisés. S'il demande encore aujourd'hui cette liberté, c'est toujours à la condition qu'on nous indemniserait de tant de pertes, et non pas, comme il le dit fort bien, aux dépens du trésor de l'État ou de la ville, mais par une prime imposée à chacun des nouveaux venus qui voudraient se partager la valeur de notre achalandage (1). Loin de contester la position fâcheuse de la boucherie de Paris, il diffère seulement avec nous sur ce point, qu'il ne l'attribue pas à la désorganisation dont nous nous plaignons, mais à la mobilité des diverses organisations qu'on nous a imposées, et partant de cette conviction, il nous souhaite la liberté.

Certes, si la liberté devait être entendue et appliquée comme il l'indique sur beaucoup de points, nous serions loin de la redouter. Nous l'avons dit à M. Lanjuinais, ministre du commerce, qui nous la présentait comme une menace ; notre réponse lui a donné à penser. Nous accepterions comme un bienfait la liberté. mais *libre*, comme celle des autres industries ; et on ne nous offrira jamais qu'une liberté menteuse, bâtarde, restrictive, stérile en bénéfices, féconde en ruines, la liberté d'obéir, de nous sacrifier, de nous taire. De celle-là, nous n'en voulons pas ! Et nous avons le droit de n'en pas vouloir !

M. Horace Say ne se surprend-il pas lui même à défendre (même avec le régime de liberté) l'institution des abattoirs, qui nous impose des frais supérieurs de 60 p. 0/0 à ceux que nous coûterait l'abatage libre et privé? Nous ne blâmons pas sa préférence. Nous ne voulons que lui prouver, sur ce point, ce qui est évident sur tant d'autres, que la liberté de la boucherie est funeste, dangereuse, impossible ! Il convient lui-même que trois jours de manque ou de ralentissement dans l'approvisionnement de Paris, en viande, produirait les plus grands malheurs. Eh bien , il n'y a que la liberté qui puisse exposer la capitale à ce danger, parce qu'on ne peut pas forcer les achats et les ventes d'une industrie libre. Il faut à la grande ville (qu'il a tort de comparer aux villes secondaires, et encore plus aux communes de la banlieue), il faut des bouchers et des boulangers *obligés* de nourrir le peuple. Or, on n'*oblige* pas la *liberté* ! Et les *obligations* doivent se payer par des avantages ou des garanties.

Voilà toute la théorie de la limitation.

Après les abattoirs, M. Horace Say ne défend-il pas encore la cheville? Et il a raison, dans l'ordre de ses idées d'illimitation , car il est bien évident qu'un trop grand nombre de bouchers ne peuvent se transporter sur les marchés à bestiaux. Il faut alors des acheteurs et des revendeurs à demi-gros. Voilà la cheville. Mais s'il est établi que le prix de la viande s'aggrave par le seul fait de cette intervention de demi-gros, qui doit toujours se payer (M. H. Say en convient), est-il bien dans l'intérêt du peuple que ce rouage soit conservé? Or, il l'est nécessairement avec un trop grand nombre de bouchers; il disparaît avec un nombre restreint.

Un dernier mot sur un des points essentiels de l'opinion considérable que nous nous attachons plutôt à exposer qu'à combattre. « Ce qui importe (dit encore M. H. Say), ce n'est pas que l'herbager vende » cher, c'est qu'il produise à bon marché. » Et ailleurs : « Tout ce qui tendra à la baisse du prix des » bestiaux sera favorable à la boucherie. »

(1) En 1836 et 1847, la Chambre du commerce, et les autres autorités compétentes de Marseille, ayant fait observer au gouvernement que le nombre des courtiers de commerce de cette ville ne répondait pas suffisamment à l'importance des affaires (et ils étaient au nombre de 70), sollicita le dédoublement des charges. Le gouvernement y accéda, mais à cette condition éminemment équitable, que chacun des 70 courtiers en exercice présenterait lui-même à la nomination chacun des 70 nouveaux candidats, de sorte qu'il s'établit entre les anciens et les nouveaux courtiers un partage loyal de la valeur des charges. C'était sous la royauté !

Voilà deux propositions irréprochables, auxquelles nous nous rallions de grand cœur. Mais elles sont étrangères à l'organisation spéciale que nous réclamons pour la boucherie de Paris. C'est au législateur à pourvoir aux nécessités qu'indique M. Say.

On se fait une fausse idée du commerce de la boucherie lorsqu'on se figure que la concurrence a un caractère d'autant plus utile pour le consommateur qu'il y a plus de débitants; en un mot, que plus il y a de bouchers, plus le consommateur a chance d'acheter à bon marché.

C'est le contraire qui est vrai. Nous allons l'établir.

Dans presque toutes les branches d'industrie, le fabricant peut, avec de l'intelligence et une main-d'œuvre habile, donner à la matière première qu'il achète une valeur de beaucoup supérieure à son prix d'achat; lorsqu'il revend ensuite aux consommateurs, il retire de sa chose, ainsi modifiée, ainsi manufacturée, le prix dû à ses soins.

On comprend que, pour activer cette intelligence, pour donner à cette main-d'œuvre toute la perfection qu'exigent de nos jours le luxe et les besoins nouveaux qu'il a créés, pour lui faire découvrir les moyens de produire à la fois avec habileté et bon marché, la concurrence soit un stimulant utile.

Mais qu'on ne perde pas de vue que, dans l'organisation que nous demandons, il ne s'agit pas du commerce d'une matière première susceptible de perfectionnement.

La viande de boucherie n'est pas, en effet, une denrée sur laquelle l'industrie ait des moyens de se produire; elle est vendue telle qu'elle est achetée, et l'intelligence la plus remarquable ne saurait donner à la viande à l'étal une qualité supérieure à celle qu'elle avait sur pied. Sous ce rapport, le commerce de la boucherie ne peut être donc assimilé à aucune autre industrie; les principes généraux de la concurrence ne peuvent donc lui être appliqués.

Que l'on ajoute à cela que la viande est une denrée éminemment susceptible de déchet, qui ne peut être gardée, qui ne peut être achetée par le boucher que certains jours, sur certains marchés, et dont Paris doit être chaque jour approvisionné dans la proportion du quart de la consommation de toute la France, et il restera cette conviction que *des règlements exceptionnels* sont nécessaires à ce commerce *tout exceptionnel* lui-même.

Les règlements qui se trouvent formulés dans l'ordonnance royale du 18 octobre 1829 et l'ordonnance de police du 25 mars 1830, dont la boucherie n'a cessé de demander l'exécution, et qu'on se propose de réviser aujourd'hui, établissent la seule concurrence possible.

Le savant rapporteur de la commission de 1840 a très-bien défini cette concurrence, et le rôle salutaire du boucher entre le producteur et le consommateur.

Il parlait au nom de l'expérience de trois siècles.

Nous garantissons toutes ses paroles, nous, hommes pratiques, au nom de trente années de profession.

Organisés ou non, les bouchers ont certains frais généraux, les uns commandés par des mesures de salubrité, les autres par la nécessité d'assurer l'approvisionnement, la plus forte partie, enfin, par le revient seul des étaux. Ces frais généraux s'élèvent, en moyenne, à 200 francs par semaine pour chaque étal.

Suivant le débit de chacun, le kilogramme de viande livré au consommateur se trouve frappé dans une plus ou moins grande proportion d'une part de ces frais généraux. Ainsi, supposons que, par le fait de l'illimitation, il y ait une quantité de bouchers telle que chacun d'eux ne vende en moyenne que 250 kilogrammes de viande par semaine, chaque demi-kilogramme sera frappé de 40 c. Il ne le sera que de 20 c. si le débit est de 500 kilogrammes; et de 10 c. seulement pour 1,000 kilogrammes de débit, ou de 5 c. pour 2,000 (1).

(1) M. Horace Say ne récusera pas, sans doute, l'opinion d'un recueil économique auquel il prête l'appui de son talent, et qui s'exprime en ces termes sur le nombre des bouchers de Paris : « La consommation moyenne de Paris étant d'environ

Il est donc évident que plus le nombre des bouchers est restreint dans de sages limites, plus chacun d'eux peut vendre à bon marché.

Quelle comparaison peut-on établir entre notre industrie, et les autres, même en nous émancipant ? Oserait-on, d'avance, garantir aux bouchers, avec cette émancipation, la liberté d'acheter leurs marchandises quand ils le veulent, et partout où ils y trouvent avantage ? la liberté de la vendre ou de la refuser, suivant qu'ils y voient leur intérêt ? la liberté de payer eux-mêmes leurs vendeurs, sans intermédiaire quelconque ? la liberté d'acquisitions considérables, si une hausse est prévue, et par conséquent la faculté d'attendre une baisse pour s'approvisionner de nouveau ?

Voilà les libertés assurées aux autres commerçants !

La boucherie, au contraire, est commandée, dans tous ses actes, par les intérêts généraux ; rien de libre, rien d'abandonné à la volonté du boucher.

Ainsi, obligation d'une permission de l'autorité pour exercer son état. (C'est la nécessité d'une surveillance active qui l'exige.)

Obligation de présenter un local convenable et aéré, par conséquent dispendieux. (C'est au nom de la salubrité publique.)

Défense de tenir plus d'un étal. (C'est au nom de l'intérêt du consommateur, qui serait exploité facilement par le monopole, si un seul boucher pouvait, en ayant plusieurs étaux, se rendre maître de l'approvisionnement de tout un quartier.)

Obligation de tenir son étal garni, *même lorsque les bestiaux sont chers*. (C'est pour que l'approvisionnement n'éprouve pas de secousses fâcheuses.)

Impossibilité d'acheter pour plus d'une semaine lorsque les bestiaux sont en baisse. (Autrement, dépérissement de la marchandise, et perte des bestiaux qui viendraient à mourir naturellement.)

Obligation d'acheter sur les marchés prescrits, défense d'acheter ailleurs. (C'est dans l'intérêt de l'alimentation, pour l'examen des bestiaux ; dans celui de l'herbager, pour lui garantir une concurrence satisfaisante d'acheteurs ; dans l'*intérêt* de l'approvisionnement de la cité, pour la mettre à l'abri de toute inquiétude et de toute spéculation coupable.)

Obligation de vendre à quelque prix que ce soit (pour éviter la perte de la marchandise).

Obligation de verser ses fonds à une caisse municipale (pour qu'elle paie l'herbager, et défense au boucher de le payer lui-même.)

Obligation de verser un cautionnement pour garantir cette caisse. (Car, sans cautionnement, la caisse n'est pas garantie de ses paiements à l'herbager ; sans paiements par la caisse, l'herbager n'a pas de sécurité dans ses livraisons, et l'approvisionnement n'est pas assuré.)

Qu'on vienne donc mettre en regard de ces obligations les charges imposées aux établissements qualifiés incommodes et insalubres, et qu'on n'a pas songé, dit M. H. Say, à limiter et à organiser en corporation.

Lui-même admettrait-il que la boucherie fût affranchie de toutes ces obligations ? Or, si de pareilles charges ne se rencontrent dans aucune profession, et si nos adversaires les tiennent pour nécessaires dans la nôtre, il faut bien aussi qu'ils prennent leur parti sur les conséquences qu'elles peuvent avoir, en ce qui nous concerne, pour modifier les principes généraux de liberté, en matière commerciale.

On se trompe souvent sur ce qu'on nomme le progrès ; M. Say l'a reconnu loyalement. Le progrès sur l'ancien régime des marchés à la viande, où chaque boucher venait s'installer, et dont le nombre était

« 10 millions de kilogrammes, le débit moyen d'un boucher devrait être de 80,000 kilogrammes par an, ou de 219 kilogrammes » par jour. Mais il y en a parmi eux un certain nombre qui débitent près du double de cette quantité, et, par conséquent, beau- » coup d'autres qui débitent infiniment moins ; cela seul suffit pour prouver que le nombre des bouchers est beaucoup trop » grand à Paris. »

(*Dictionnaire du Commerce* (édition de 1839), rédigé par tous les économistes les plus distingués.)

nécessairement peu considérable, à raison de l'espace que ces marchés occupaient, le progrès, ce fut la ré-partition de la boucherie dans des étaux distribués sur les divers points de la capitale, et exploités, chacun séparément, par un boucher. C'était mettre la marchandise à la portée des acheteurs, et leur épargner beaucoup de temps perdu. C'était créer, quoi qu'on en dise, une concurrence réelle entre les bouchers, intéressés à attirer la clientèle du voisinage. Le nombre des étaux de boucherie est actuellement de 501, qui, répartis sur toute la surface de Paris, offrent sans doute beaucoup de choix aux con-sommateurs, tandis que la rivalité qui existe entre les bouchers, le besoin de conserver ou d'accroître leurs pratiques, et de placer les viandes préparées qui ne peuvent pas attendre, est un garant suffisant qu'il ne s'établira pas entre eux un concert pour maintenir le prix à un taux exagéré.

Ce qui, au lieu d'un progrès, est aujourd'hui une mesure rétrograde, c'est la concentration qu'on veut opérer, comme il y a cent ans, sur les marchés à la viande, trop éloignés des acheteurs, pour lesquels le prix de la marchandise s'accroît de celui de la perte de temps. Ajoutons que les marchés, quand ils seront installés et organisés, offriront beaucoup plus de facilité à l'esprit de coalition, qui deviendrait la cause la plus efficace de renchérissement. L'administration s'aveugle donc sur ses propres intérêts, comme sur ceux des consommateurs, en favorisant un pareil système.

La question est inépuisable ; nous nous en apercevons à mesure que nous entrons dans ses développe-ments. Mais il faut garder par devers soi quelques arguments pour la réplique. Ne désarmons pas d'avance notre défenseur naturel, qui aura encore beaucoup à dire, beaucoup à faire sans doute, soit dans le sein de la Commission, pour contribuer à la préparation du projet de loi que nous sollicitons, soit près de l'Assemblée nationale, quand elle sera saisie de ce projet.

Et si nous insistons sur la demande d'une mesure législative, ce n'est pas que nous doutions le moin-drement du droit que nous a créé l'ordonnance de 1829 ; mais c'est pour échapper à cette instabilité continue des pouvoirs et des administrations (déplorée par M. H. Say, comme par M. Boulay, de la Meurthe); c'est pour mettre un terme à ces contradictions qui nous ont fait tant de mal depuis soixante ans, et dans la confusion desquelles l'esprit de révolution, toujours si arbitraire, trouve des prétextes pour écarter violemment ce qui le gêne et pour abuser de ce qui le sert.

Oui, quoi qu'on en ait dit, nous avons la loi pour nous, et tous les abus de pouvoir dont nous avons à nous plaindre sont autant d'illégalités flagrantes qui, à une époque d'ordre, n'auraient pas résisté à la première objection, sérieusement élevée devant des juges sérieux. Oui, notre cause est supérieure à des ordonnances de police, même à des ordonnances royales ; c'est une question de légalité constitu-tionnelle, et nous nous étonnons que jusqu'à présent personne ne l'ait ainsi envisagée et défendue, pas même nous, qui ne sommes, il est vrai, que d'assez mauvais légistes.

On a prétendu que l'ordonnance royale de 1829 était *illégale*, parce qu'elle avait dérogé à *la loi de 1791* ! Mais *la loi de 1791* n'était plus *la loi*, sur cette matière. Il existait deux *actes de gouvernement* postérieurs, véritables *actes législatifs* aux termes des *constitutions* d'alors : *un arrêté des consuls* et un *décret impérial* ! Voilà *la loi* ! Or, comme l'ordonnance de 1829, loin d'attenter aux principes de ces deux lois, les confirmait en les développant, l'ordonnance était parfaitement *légale* ! Ce qui est illégal, ce sont les ordonnances de police qui ont violé l'ordonnance royale, et les deux lois de 1802 et de 1811.

Il y a mieux encore, c'est que le roi Charles X ayant rendu deux ordonnances, la première en 1825, la seconde en 1829, la première renversant le droit créé en 1802 et en 1811, et la seconde le rétablis-sant, il a été reconnu, déclaré, jugé par un tribunal, que la première était *illégale* aussi, et que la se-conde seule était *légale*.

Nous n'inventons pas cela pour le besoin de notre cause ; voici le texte.

Un tiers avait argué du caractère illégal de l'ordonnance pour se refuser à l'exécution d'un article. Voici ce que la justice en a pensé.

« *L'illégalité* dont on a excipé n'est pas dans l'ordonnance de 1829, qui, en rétablissant *la limitation*,

» est revenue *aux dispositions de la loi*, mais bien dans l'ordonnance de 1825 qui s'élevait formelle-
» ment contre le texte de l'arrêté des consuls de 1802 et du décret de 1811, c'est-à-dire contre de
» véritables dispositions *législatives*! » (*Voir le réquisitoire de M. Frank-Carré dans la* Gazette des
Tribunaux *du 24 juin 1831.*)

La boucherie de Paris peut donc invoquer sérieusement *la loi*! Et il n'y aurait qu'une loi rendue par l'Assemblée nationale qui pourrait régulièrement lui ravir le bénéfice des actes législatifs dont elle revendique si vainement, depuis vingt ans, l'exécution loyale! Tel est donc l'empire de l'arbitraire dans notre pays, qu'il dépend des agents de l'autorité de supprimer, durant vingt années, au gré de leur caprice, l'application des lois les plus positives! C'est inconcevable, mais c'est vrai! Et l'on nous dit que les révolutions sont finies!

CHAPITRE VI.

RAPPORTS COMPARÉS DE 1825 ET DE 1829.

Ce serait une compilation facile (mais nous la croyons superflue) que celle de tous les édits, arrêts, lois, règlements, ordonnances royales et de police, qui ont régi successivement le commerce de la boucherie. Ces exposés historiques, qui ne servent qu'à déployer une érudition de commande, n'ont plus qu'un intérêt de curiosité fort secondaire à une époque où les questions se pressent, et où il importe de les résumer brièvement, clairement, pour rendre facile au législateur les conclusions et les décisions, - Au reste, cet exposé se trouve aussi complet que possible dans la *notice* déposée par le ministre du commerce, sur le bureau du Conseil général de l'agriculture. A quoi bon le copier? Il sera mis sous vos yeux.

Et d'ailleurs, au terme de toutes ces lois et réglementations contradictoires, il ne reste en présence, dans cette question comme dans celle de la boulangerie, que *deux principes*, celui de la *limitation* avec ses priviléges et ses charges, et celui de la *liberté* illimitée, sans *obligations* et sans garanties. Tout aboutit à l'un de ces deux systèmes! Or, puisqu'on les a essayés l'un et l'autre, de nos jours, dans le court espace de 25 ans (de 1825 à 1850), pourquoi chercher plus loin les motifs à faire valoir pour ou contre chacun d'eux? Les arguments comme les exemples sont contemporains; ils n'en sont que plus sensibles pour tout le monde. Les mêmes législateurs, en partie, ont concouru aux deux expérimentations; les mêmes administrateurs ont eu à faire l'application des deux régimes. Nous n'aurons qu'à invoquer leurs souvenirs, des souvenirs encore récents, pour faire apprécier les inconvénients et les avantages à mettre en balance, et les causes de préférence qui doivent déterminer leur conviction. L'ordonnance royale de 1825 a été condamnée par les faits ; l'ordonnance de 1829 n'est attaquée aujourd'hui que par des théories.

Tout se réduit à ces deux systèmes, dont les effets ont passé successivement sous les yeux de la génération actuelle. On ne saurait surprendre son jugement. Renfermons donc nos observations dans l'espace qui sépare ces deux ordonnances, puisqu'elles sont en effet les deux termes de la question : *Liberté illimitée* ou *limitation réglementée.*

Pour rendre plus saisissables les raisons alléguées de part et d'autre, qu'on nous permette de placer en regard, sur deux colonnes, les deux *Rapports au roi* qui ont précédé les deux *ordonnances de 1825 et de 1829.* Le premier n'ayant pas été inséré au *Moniteur* comme le second (sans doute parce qu'on en sentait la faiblesse), cette publication ne sera ni sans intérêt ni sans utilité.

1825.	**1829.**
Dans le premier de ces rapports (celui de 1825 ayant pour objet de faire déclarer la liberté absolue du commerce de la boucherie), le ministre, après avoir retracé les précédents administratifs et les différentes épreuves par lesquelles a passé le projet d'ordonnance qu'il soumet à la signature du roi, s'exprime en ces termes, sur le fond même de la question :	Le second de ces rapports, intervenu quatre ans après (le 18 octobre 1829), pour motiver la limitation du nombre des bouchers, mentionne de même les avis qui ont concouru à provoquer cette mesure, et dans l'ordre logique, il est naturel de croire que la seconde ordonnance a raison contre la première, puisqu'elle ne vient qu'après un système éprouvé, dont elle veut réparer le danger reconnu.
« De la réunion des divers avis recueillis par moi, ont rejailli trois questions principales, savoir :	Voici sur quelles considérations le ministre de 1829 appuyait cette réparation :
» 1°. — Le système restrictif du commerce de la boucherie avec le monopole.	Dans tous les temps et chez toutes les nations, l'ap-

» 2°. — La taxe de la viande, ou règlement propre à servir de contrepoids et à contenir dans de justes limites l'avidité de ceux qui exploitent ce monopole.

» 3°. — Le système de la libre concurrence. »

Un examen attentif de ces trois questions, ainsi que des opinions émises sur chacune d'elles, m'a mis à portée de rédiger quelques observations dont je vous supplie V. M. de vouloir bien me permettre de lui offrir le résumé.

Les inconvénients résultant du système restrictif de la boucherie sont la conséquence ordinaire de *tout monopole qui soumet les consommateurs à la loi du vendeur*. Dans l'espèce, ce monopole est d'autant plus funeste qu'il s'exerce sur une denrée de première nécessité, et que, par là, il blesse également les intérêts de l'agriculture et du commerce en empêchant la consommation.

L'existence de cette abus est prouvé pour la ville de Paris :

1° Par l'immobilité du prix de la viande en détail, qui est toujours restée à 14 sous *la livre* (1re qualité), même pendant l'extrême avilissement du prix des bestiaux en 1821 et 1822 ;

2° Par la comparaison des prix exigés par les bouchers de Paris avec ceux auxquels on obtient *les mêmes qualités de viande dans les communes voisines*, et par le *rabais auquel se font les fournitures des hôpitaux, des collèges et des établissements publics* ;

3° Enfin par la somme énorme à laquelle ont été vendus plusieurs étaux des bouchers de la capitale.

Un exemple mémorable vient aussi combattre le monopole, c'est celui de la ville de Londres. Dans cette capitale plus peuplée que Paris, et où surtout la consommation individuelle de la viande est, par les habitudes du pays, incomparablement plus forte, le nombre des bou-

provisionnement des villes a été l'objet des soins de l'autorité municipale ; *la profession de boulanger surtout, e celle de boucher, ont été constamment soumises à des règlements particuliers, et jusqu'en 1791, ces règlements avaient posé des limites que ne pouvait pas dépasser le nombre des individus voués à ces professions.* C'est ainsi qu'en 1789, le nombre des bouchers de Paris ne s'élevait et ne pouvait s'élever qu'à 230. La loi du 17 mars 1791 mit en vigueur *le principe de la liberté illimitée* du commerce. D'affreux désordres s'ensuivirent ; des viandes gâtées furent mises en vente dans les rues, dans les places, jusque dans les allées, et sous les portes des maisons : de là un spectacle dégoûtant et une énorme déperdition de matières. Après dix années d'expérience, *il fallut renoncer à ce système* ; un décret du 30 septembre 1802 défendit les étalages de viandes, et imposa aux bouchers l'obligation de fournir un cautionnement de 3,000 francs, de 2,000 francs, ou de 1,000 francs, suivant les classes. Le mal fut atténué, mais non détruit. Six ans plus tard, on crut devoir *restreindre plus efficacement encore l'exercice de la profession de boucher* ; et le 13 juin 1808, une ordonnance de police exigea que pour être admis, les étaliers se procurassent deux fonds de commerce, dont l'un serait supprimé. Plus tard encore, le 6 février 1811, *on revint au principe de la limitation numérique* ; un décret réduisit à 300 *le nombre des bouchers de Paris, et porta défense de délivrer aucune permission, tant que cette limite ne serait pas atteinte.* Sous l'empire de ce décret, le nombre des bouchers se réduisit à 370, et la limite fixée n'avait pas encore été atteinte, lorsque, le 9 octobre 1822, une ordonnance vint la reporter au nombre des bouchers alors en exercice, c'est-à-dire à 370. Enfin, le 12 janvier 1825, une seconde ordonnance prescrivit que 100 *nouvelles permissions pourraient être accordées dans chacune des années 1825, 1826, 1827, et qu'à dater du 1er janvier 1828, le nombre des étaux cesserait d'être limité.*

C'est contre ces dispositions que l'on réclame aujourd'hui. Convient-il de les maintenir, de les modifier ou de les abroger ? Telle est la question grave et complexe qu'il s'agit de résoudre dans le triple intérêt du commerce, de l'agriculture et de l'approvisionnement de Paris ; mais dans ce dernier intérêt surtout, puisque c'est la population de Paris qui consomme, et que, en matière d'économie politique, l'intérêt du consommateur est toujours l'intérêt dominant.

. . . .

En 1825, on s'était proposé tout à la fois d'encourager *la production des bestiaux par la concurrence des ache-*

chers n'est point limité, et toutefois, dans aucun temps,
la sûreté et la régularité des approvisionnements n'ont
jamais été compromises.

D'après ces motifs, je crois que *le monopole de la boucherie existe contre l'intérêt des consommateurs, des
producteurs, et conséquemment contre celui de l'État.*

Sur la seconde question relative à *la taxe* de la viande
ou à la formation d'un règlement propre à modérer les
abus du monopole, tous les avis se sont réunis pour faire
considérer cette mesure comme une *opération impraticable* et susceptible d'ailleurs de devenir l'occasion habi-
tuelle de désordres et d'altercations entre les bouchers
et les consommateurs.

Quant à la troisième question, je veux dire *le système
de la libre concurrence,* ce mode *me paraît être* le moyen
le plus naturel et le plus efficace d'obvier aux abus signa-
lés par les producteurs et les consommateurs, en même
temps qu'il est le plus conforme aux principes généraux
du commerce.

Mais la prudence commande d'y arriver graduellement
et avec les précautions convenables. J'ai pensé qu'on
pourrait atteindre à ce but en augmentant, pendant trois
ans consécutifs le nombre des étaux, à raison de cent
pour chaque année, et en établissant, après ce terme, *la
libre concurrence,* sauf à prescrire toutes les mesures
d'ordre nécessaires pour assurer la salubrité et la régularité des approvisionnements.

Quelques faits peuvent encore être nécessaires pour

teurs, *de favoriser l'engrais, et de faire diminuer le prix
de la viande de boucherie, tout en faisant augmenter le
prix de la viande de bœuf sur pied.* Cependant, loin que
la concurrence soit devenue plus grande, il s'est établi
une sorte de *monopole en faveur d'un très petit nombre de
bouchers, qui seuls ont pu continuer à s'approvisionner
sur les marchés ;* le reste a fait faillite, ou ne se soutient
que par des achats de seconde main. C'est qu'en effet
*le principe de la libre concurrence, généralement bon, gé-
néralement salutaire, ne saurait s'appliquer à la vente
d'une denrée qu'on ne peut acheter qu'en grande quantité,
qu'on ne peut revendre qu'en détail,* et qui, par l'effet de la
corruption, tombe, au bout de quelques heures, en pure
perte dans les mains du marchand. En second lieu, *il
n'y a pas eu de diminution, ou plutôt il y a eu, depuis
1824, une légère augmentation dans le prix de la livre
de viande.* En troisième lieu, le nombre des bœufs gras
achetés pour la consommation de Paris a subi une énorme
diminution depuis la même époque, ou plutôt, il est presque nul aujourd'hui ; et enfin, après avoir éprouvé, dans
les années 1825 et 1826, une augmentation qui s'explique
par la présence accidentelle de 50 à 60,000 ouvriers,
le nombre de bœufs achetés sur les marchés de Sceaux
et de Poissy est redescendu progressivement, en 1827,
en 1828, et dans les six premiers mois de 1829, beaucoup
au-dessous de ce qu'il était en 1824. Il en a été de même
à l'égard des bestiaux amenés sur ces marchés ; le nombre
en a suivi une progression descendante. Et ce double fait
est d'autant plus digne de remarque, *que ces deux nombres
avaient constamment suivi une marche ascendante dans
les années antérieures à 1825.* Ainsi, loin que l'on ait pu
atteindre le quadruple but que l'on avait eu vue, *l'expérience a contredit en tout point les prévisions de l'ordonnance.* Cette première vérité est hors de toute contesta-
tion ; les relevés officiels déposent ici avec une autorité
irrécusable ; ils mettent en évidence des faits contre lesquels aucun raisonnement ne saurait prévaloir ; j'ajoute
que le raisonnement viendrait facilement expliquer les
faits, loin de les démentir.

Ce n'est pas que la consommation de la capitale ait diminué. L'ordonnance ne pouvait pas produire un pareil
résultat, je me hâte de le dire. En général, et surtout en
ce qui concerne les denrées de première nécessité, la
consommation ne peut guère subir d'autres variations
que celles qui proviennent de l'accroissement ou de la
diminution du nombre des consommateurs. Aussi, la différence dont je viens de parler est-elle plus que com-
pensée par l'accroissement de la *quantité de viande dite
viande à la main* qui a été consommée dans Paris. Mais
là se trouve précisément un *mal réel,* car ce débit ne se

éc!airer cette matière intéressante. Je vous demanderai la permission de vous les soumettre. Inscrits dans les archives de la ville de Paris, leur analyse n'est pas sans quelque mérite. En la présentant à V. M., je dois lui faire observer que le zèle et la capacité des administrateurs qui veillent sur les intérêts de votre capitale garantissent ses habitants des désordres qui ont eu lieu, même sur ces objets, dans des temps antérieurs.

Depuis 1792 jusqu'aux trois derniers mois de 1796, le commerce de la boucherie fut, comme il devait être, dans un état de confusion. La chute des assignats et le rétablissement des transactions en numéraire firent rouvrir les étaux, et les bouchers reprirent leur commerce.

Les bestiaux, que, pendant la durée du papier-monnaie, les propriétaires avaient retenus dans les herbages et dans les étables, se débordèrent, pour ainsi dire, dans les marchés de Sceaux et de Poissy. Par suite de la libre concurrence, le prix de la viande tomba à 25 et 30 cent. La plus belle était vendue 40 cent. dans les étaux.

A cette époque, les garçons bouchers, usant des droits que leur accordait la loi du 17 mars 1791, firent le commerce de la boucherie. Ils se réunirent aux bouchers de la campagne et à tous les merbandiers des environs de Paris.

D'abord ils achetèrent la viande des bouchers établis ; mais enhardis par leurs premiers bénéfices, ils firent leurs achats dans les marchés, dans les étables, dans les fermes et sur les routes.

fait pas au profit du consommateur ; il n'est pas le résultat d'une utile concurrence entre la boucherie de l'intérieur et celle de la banlieue; ce sont des bouchers de Paris qui, dans l'impuissance où ils se trouvent de payer des bœufs entiers sur les marchés de Poissy, achètent et revendent cette espèce de viande. Et ce que je dois dire encore, ce qui excitera au plus haut degré la paternelle sollicitude de V M., plusieurs d'entre eux, dépourvus de tout crédit auprès des herbagers, obligés, pour se soutenir, d'employer tous les moyens, achètent dans Paris des animaux qui n'ont pas subi la visite ; en sorte que la santé, l'existence même des familles pauvres, pourraient à la longue être compromises.

Ainsi, non-seulement la mesure adoptée en 1825 n'a pas produit les résultats qu'on espérait en retirer dans l'intérêt des consommateurs, mais elle a produit des effets entièrement opposés. Au lieu de favoriser l'engrais des bestiaux, elle l'a totalement détruit ; au lieu de procurer à la capitale de meilleure viande, à moindre prix, elle a fait substituer la viande maigre à la viande grasse, et la viande suspecte à la viande saine, sans apporter au prix d'autres changements qu'une augmentation, peu sensible encore à la vérité, mais réelle cependant, et inquiétante sous ce rapport qu'elle révèle une fâcheuse tendance. Au lieu de rendre, par l'abaissement du prix, la consommation de la viande de boucherie plus facile pour la classe ouvrière, elle paraît avoir retardé l'accroissement, autrefois plus rapide, de cette consommation, en faisant élever le prix des viandes basses, que les bouchers ne donnent aujourd'hui qu'à huit sous, tandis qu'auparavant ils la donnaient à six sous. Et le mal aurait été plus grand encore, selon toute apparence, si la mesure dont il s'agit avait pu recevoir une application complète, c'est-à-dire si le nombre des bouchers s'était réellement élevé de cent pour chaque année, jusqu'au 1er janvier 1828, pour s'accroître sans limites après cette époque ; car alors le malaise de cette classe de commerçants étant devenu plus grave et plus pressant, les résultats dont je viens de parler se seraient manifestés d'une manière plus sensible, et la capitale aurait probablement été livrée aux désordres qui l'ont déjà affligée dans des circonstances semblables.

Toutefois, je l'ai dit, il n'y a plus d'engrais de bestiaux, parce que les bouchers ne le peuvent plus ou ne veulent plus acheter de bœufs gras. En apparence ils ne le peuvent plus, car le commerce ne fait point mal les choses, quand il peut les faire avec avantage. De là suit, comme conséquence immédiate, une diminution beaucoup plus rapide dans le nombre des bestiaux ; car, pour subvenir aux besoins de la même consommation, il faut abattre trois bœufs maigres au lieu de deux bœufs gras,

En moins de six mois, le nombre des bouchers en
étaux où vendant sur les tables, dans les halles et au milieu des places publiques, s'éleva à 1,400.

Tant qu'il y eut une grande abondance de bestiaux
dans les marchés, la viande resta à bas prix ; mais lorsque la quantité des arrivages commença à diminuer, le
prix de la viande s'éleva successivement, et dès l'année
1800 la hausse devint très sensible.

*Le mercandage continua cependant. La dilapidation
qui s'ensuivit eut pour résultat une anticipation effrayante
sur les ressources futures de l'approvisionnement.*

En 1801 et 1802, on amenait aux marchés publics de
Sceaux et de Poissy *des bœufs de 4 et 5 ans au lieu de 7
et 8 qu'ils auraient dû avoir, et le prix de la viande augmenta considérablement. Les dangers de ce commerce désordonné et la nécessité d'y apporter des règles fixes* firent
croire qu'*il fallait diminuer le nombre des bouchers au*
lieu de surveiller leur service, et c'est alors qu'intervint
l'arrêté du gouvernement du 30 septembre 1802. Son
effet fut prompt, et l'on n'en compta plus que 600.

Mais le fait des anticipations se fit sentir longtemps.
Les sécheresses de 1801 et 1802 firent croire au gouvernement qu'il fallait faire des sacrifices considérables pour
soutenir l'approvisionnement de la capitale, et l'on fit des
achats à l'étranger. Le même mode fut suivi en 1811,
alors qu'une nouvelle sécheresse fit hausser le prix des
bestiaux, et l'on se soumit encore à la dure nécessité de
l'importation.

De tels faits tendent à démontrer évidemment que *la
libre concurrence du commerce de la boucherie deviendra
pour vos sujets une source de prospérité.*

ou du moins quatre bœufs maigres au lieu de trois bœufs
gras. Un tel résultat est d'autant plus funeste au pays,
que la France ne possède pas assez de bestiaux, et que
l'agriculture a, sous ce rapport, des besoins qu'il est impossible de méconnaître.

Aussi, et nonobstant *la hausse progressive du prix des
bœufs maigres, n'a-t-on aperçu, depuis 1825, aucun
symptôme d'accroissement dans la production.* En effet,
si l'ordonnance avait été une cause d'encouragement
pour la production, si cette production eût réellement
augmenté, les envois eussent été de plus en plus considérables ; et pourtant c'est le contraire que nous avons
vu. Les états prouvent que le nombre de bœufs arrivés
sur les marchés, était, en 1824, de 122,322, et qu'après
s'être élevé, par une cause accidentelle, à 129 ou 130,000
dans les années 1825 et 1826, il est redescendu à 122,745
en 1827, puis à 116,238 en 1828. Cette diminution continue en 1829 ; car au lieu de 37,731 bœufs amenés dans
les six premiers mois de 1828, il n'en est venu que 35,651
dans les six premiers mois de 1829 ; et l'on commettrait
une autre erreur de fait si l'on croyait trouver dans le
poids de ces animaux une compensation du nombre ; car
le poids moyen est tombé de 333 kilog. 4/5 à 315 ou
316 kilog. ; et le nombre des bœufs pesant 340 kilog. s'est
réduit de 11,504 à 3,690.

En résumé, *de quelque manière que l'on considère le
système actuel, on est forcé de reconnaître qu'il a trompé
toutes les espérances de l'administration, qu'il a jeté une
funeste perturbation dans le commerce de la boucherie de
Paris ; qu'il a créé une sorte de monopole, au lieu d'y
introduire une plus grande concurrence ; qu'il a nui à
l'engrais,* porté préjudice aux herbagers et suscité leurs
plaintes, en même temps que celles des bouchers ; qu'il
a dénaturé l'approvisionnement de la capitale, enlevé à
la classe aisée la faculté de se procurer la même viande
qu'autrefois, et *réduit la classe pauvre à payer plus cher
une nourriture moins saine.* Et s'il est vrai, comme j'ai
déjà eu l'honneur de le dire à Votre Majesté, que, dans
de pareilles questions, l'intérêt du consommateur soit
l'intérêt principal et dominant ; s'il est vrai qu'en principe on ne puisse pas le sacrifier à d'autres considérations, ce sera une chose démontrée que *la nécessité de
revenir sur une mesure administrative qui a produit de
pareils effets.* Il faudrait la révoquer, alors même qu'elle
aurait procuré quelques avantages à l'agriculture, alors
même qu'elle aurait favorisé la reproduction. Mais quand
les relevés officiels prouvent que le nombre et le poids
des bœufs de France, amenés sur les marchés publics,
diminuent progressivement, tandis que le nombre des
bestiaux importés de l'étranger va toujours en augmen-

Les propriétaires ni les consommateurs n'ont plus à craindre que la pénurie des bestiaux nous rende tributaires de l'étranger; dans toutes les provinces, il y a plus de produits que de consommateurs; et partout les cultivateurs réclament et des droits de douane plus forts et des débouchés plus nombreux.

D'après ces causes, etc.

ORDONNANCE DU ROI DU 12 JANVIER 1825.

Article 2. — A dater du 1er janvier 1828, le nombre des étaux cessera d'être limité.

tant, on ne peut plus même oppos r l'intérêt de l'agriculture à celui de la consommation, car un pareil état de choses ne saurait se concilier avec l'hypothèse d'une reproduction croissante ; et il semble démontré, au contraire, que, conformément aux principes fondamentaux de l'économie politique, *l'intérêt bien entendu des producteurs se trouve ici, comme partout, inséparablem nt uni à l'intérêt des consommateurs.*

Ainsi, tout s'accorde à mettre en évidence la nécessité de sortir d'un *système* qui, je le reconnais, paraissait offrir des avantages réels, et *dont il était difficile,* du moins, *de ne pas essayer l'application, mais qui deux fois a succombé sous l'épreuve du temps. Il est nécessaire aujourd'hui de rétablir, dans le commerce de la boucherie, le calme et la confiance, l'ordre et la bonne foi, le crédit et la faculté de faire un bon service.* Convaincu par le témoignage des faits, comme par le témoignage unanime des hommes les plus éclairés en pareille matière, que le mal est réel et sérieux, j'ai dû naturellement en chercher le remède dans *le retour vers l'ordre de choses sous l'influence duquel tout avait prospéré* pendant plusieurs années.

En conséquence, etc.

ARTICLE 1er. — *Le nombre des individus qui pourront exercer la profession de boucher dans Paris, est et demeure fixé à quatre cents.*

Il fallait rapprocher ces deux rapports pour définir clairement les deux systèmes qu'ils ont pour objet de soutenir et d'appliquer.

La faiblesse des arguments de 1825 est évidente, et (comme nous l'avons déjà remarqué), on a senti que ce rapport ne pouvait supporter la discussion, car on a évité de l'insérer au *Moniteur.* C'était plutôt un rapport *électoral* qu'un rapport *économique* : le ministère de cette époque acquittait, en adoptant une mesure provoquée imprudemment par les herbagers de Normandie et autres, les engagements pris, en 1824, pour amener la Chambre septennale qui devait voter l'indemnité des émigrés.

Malheureusement, depuis soixante années, la plupart des mesures *administratives* portent ainsi des dates *politiques.* C'était la politique qui conseillait, qui égarait l'administration. Espérons qu'il n'en sera plus ainsi.

Prenons acte des aveux de ces deux rapports, en faisant ressortir la véritable signification des phrases que nous avons soulignées dans l'un et dans l'autre. C'est le développement le plus explicite que nous puissions présenter des deux systèmes de *limitation* et d'*illimitation* qui font en réalité l'objet de tant de discussions depuis 50 années.

Écoutons le ministre de 1825 dénonçant, dans l'existence de 500 bouchers, *un monopole qui soumet les consommateurs à la loi du vendeur.* (Un monopole entre 500 commerçants !) Mais il n'y a que 12 arrondissements, et 48 quartiers dans Paris. Cela fait environ 41 bouchers par arrondissement, et 10 par quartier; n'est-ce donc point une concurrence réelle et suffisante? Croit-on que le consommateur ne sache pas choisir entre les 10 bouchers de son quartier celui qui lui offre le meilleur prix et la meilleure qualité? Croit-on que l'intérêt de chaque boucher ne soit pas de s'assurer la préférence des clients par des prix plus modérés que ceux du voisin ? 500 bouchers pour un million d'habitants, c'est un étal par 2,000 âmes. Or, 2,000 âmes, en calculant cinq individus par famille (et il faut défalquer, en outre, les étrangers et les célibataires qui vivent dans les restaurants publics, les hospices, et autres établissements qui se fournissent par masse, les indigents, les enfants et les femmes, représentés par le père de famille), 2,000 âmes comptent pour 200 acheteurs quotidiens, et 200 acheteurs sauront bien choisir entre les 10 étaux de leur quartier celui qui leur offrira les conditions les plus avantageuses. Il y a donc concurrence, même dans la boucherie organisée ! Ce n'est donc pas *un monopole faisant la loi au vendeur.*

Quant au prix de la viande en détail, lorsqu'on veut en parler, on affecte toujours de ne mentionner que les morceaux de premier choix à 70 c. *Les bouchers*, s'écrie le rapporteur, *ont toujours fait payer la viande à 14 sous.* Et dans un rapport officiel qui devrait être sérieux, on affecte de rapprocher ce prix de celui qu'on paye dans les collèges, dans les hospices et dans les villages voisins de Paris ! Combien de fois faudra-t-il répéter que s'il y a des morceaux à 14 sous, il y en a 7 et à 6, et que le rabais de ceux-ci ne peut être obtenu que par l'élévation de ceux-là, puisque le bœuf revenant sur pied à 10 sous la livre au boucher détaillant, il faut bien qu'il retrouve sur la première qualité, par une hausse de 20 c., ce qu'il perd sur les parties inférieures par une baisse égale? C'est un niveau à établir, une moyenne à retrouver, et cette opération se fait au profit du pauvre ; et c'est le riche qui supporte la différence en plus, sans générosité même de sa part, puisque c'est à la condition de prélever les meilleurs morceaux ! Entend-il donc payer le gîte à la noix au prix de la basse boucherie?

Est-ce de cette juste proportion que se plaignent les philanthropes qui se montrent, en théorie, si passionnés pour l'intérêt populaire, et qui, dans la pratique, nous accusent de leur faire payer la viande de choix plus cher, pour assurer le bon marché de la viande inférieure ? Nous savons que toutes les réclamations ont été précisément élevées par les consommateurs de la première qualité de viande, et il nous semble qu'elles ne devraient pas être l'objet des préoccupations de l'autorité.

Le rapport de 1825 ne pouvait se préserver du lieu commun d'une comparaison avec l'Angleterre. Nous en faisons justice dans un chapitre spécial de ce mémoire.

Quant à la taxe de la viande, il veut bien reconnaître qu'elle est *impraticable*; mais c'est pour en tirer à toute force cette conclusion, qu'il n'y a que la *concurrence illimitée*, la *liberté absolue* qui puisse détruire les abus de ce qu'il nomme *le monopole.*

Les précédents que le rapport appelle au secours de sa doctrine ne sont pas heureusement choisis. *Depuis 1792 (dit-il textuellement) jusqu'aux trois derniers mois de 1796, le commerce de la boucherie fut, comme il devait être, dans un état de confusion.* Or, cette *confusion* résultait de la *liberté absolue* que la loi de 1791 avait introduite dans le commerce de la boucherie, comme dans toutes les professions. C'était un triste souvenir, un mauvais argument à invoquer à l'appui d'une nouvelle émancipation, proposée en 1825, et qui devait produire, comme elle a produit en effet, la *confusion* reprochée aux quatre années qui ont suivi la législation de 1791. « *Le mercandage continua* (dit encore le rapport), *la dilapidation qui s'ensuivit eut pour résultat une anticipation effrayante sur les ressources futures de l'approvisionnement. On amenait au marché des bœufs de 4 et 5 ans, au lieu de 7 et 8 qu'ils auraient dû avoir, et le prix de la viande augmenta considérablement. Les dangers de ce commerce désordonné, et la nécessité d'y apporter des règles fixes, firent croire qu'il fallait diminuer le nombre des bouchers.* »

Etrange logique du ministre rapporteur de l'ordonnance de 1825, qui présentait ces résultats de la loi de 1791 comme des motifs à l'appui de l'ordonnance de 1825 !

Ces souvenirs devenaient au contraire des prédictions, et, en effet, l'acte de 1825 avait commencé, et aurait continué à produire les mêmes effets, si le gouvernement, mieux conseillé, ne se fût hâté de le remplacer par l'ordonnance de 1829.

La tâche du rapporteur de cette seconde ordonnance avait été rendue facile, autant par l'inexpérience du **rapporteur** de 1825 que par les désordres qu'avait amenés l'ordre de chose préconisé par son travail.

Comparez la faiblesse du rapport de 1825 avec la saine logique et la solide instruction du rapport substan'iel de 1829.

Celui-ci commence par rappeler que, *en tout temps*, avant 1791, *les professions de boulangers et de bouchers avaient été soumises à des règlements particuliers, et il se hâte d'ajouter que si la loi de 1791 mit en vigueur le principe de la liberté illimitée, d'affreux désordres s'ensuivirent ; des viandes gâtées furent mises en vente dans les rues, dans les places publiques, jusque dans les allées et sous les portes des maisons. De là un spectacle dégoûtant et une énorme déperdition des matières.*

Après dix années d'expérience, il fallut renoncer à ce système.

En 1802, on interdit les étalages de viandes, et on imposa un cautionnement aux bouchers.

Six ans plus tard, on voulut restreindre plus efficacement encore l'exercice de la profession de boucher.

Plus tard, en 1811, on revint au principe de la limitation numérique.

Voilà ce que le rapporteur de 1825 avait passé sous silence dans son travail, qui, pour nous reporter à 1791, omettait à dessein de rappeler que, depuis cette époque, l'expérience avait forcé le législateur de détruire, d'année en année et pas à pas, les funestes effets de la loi qui portait cette date.

Le rapport de 1829 n'est pas moins explicite sur les tristes conséquences de l'acte de 1825. Lai-sons-le parler, car tout ce qu'il allègue contre cette fatale mesure est encore de circonstance contre les premiers résultats du système de concurrence qu'on poursuit contre nous ; concurrence qui n'est qu'une *illimitation déguisée*, d'autant plus onéreuse pour la boucherie de Paris que, en lui retirant les prétendus avantages de la limitation, on lui laisse les charges qu'on lui imposait au nom de ce soi-disant privilége. Privilége ! mot fantastique à l'aide duquel on égare l'opinion. Comme si une profession à titre onéreux pouvait jamais être un privilége ! Comme si l'on traitait un propriétaire de possesseur privilégié d'une propriété qu'il a achetée.

Voici comment le rapporteur de 1829 qualifie les effets de l'ordonnance de 1825 :

« En 1825, on s'était proposé tout à la fois d'encourager la production des bestiaux par la concurrence
» des acheteurs, de favoriser l'engrais et de faire diminuer le prix de la viande de boucherie, tout en
» faisant augmenter le prix de la viande sur pied. Cependant, loin que la concurrence soit devenue plus
» grande, il s'est établi une sorte de monopole en faveur d'un très-petit nombre de bouchers qui, seuls,
» ont pu continuer à s'approvisionner sur les marchés ; le reste a fait faillite, ou ne se soutient que par
» des achats de seconde main. C'est que, en effet, le princ pe de la libre concurrence, généralement bon,
» généralement salutaire, ne saurait s'appliquer à la vente d'une denrée qu'on ne peut acheter qu'en
» grande quantité, qu'on ne peut vendre qu'en détail, et qui, par l'effet de la corruption, tombe au bout
» de quelques heures en pure perte dans les mains du marchand. En second lieu, il n'y a pas eu de dimi-
» nution ou plutôt il y a eu une légère augmentation dans le prix de la livre de viande.... En troisième
» lieu, le nombre des bestiaux amenés sur les marchés a suivi une progression descendante. Et ce double
» fait est d'autant plus digne de remarque que ce nombre (ainsi que celui des bœufs g as) avait cons-
» tamment suivi une marche ascendante dans les années antérieures à 1825. Ainsi, loin que l'on ait pu
» atteindre le triple but qu'on avait en vue, L'EXPÉRIENCE A CONTREDIT EN TOUT POINT LES PRÉVISIONS
» DE L'ORDONNANCE.... » (Le rappport signale en outre les inconvénients de la vente des viandes à la main, et il continue d'exposer en ces termes le mal produit par l'ordonnance dont il propose l'abrogation) :

» Ainsi, non seulement la mesure adoptée en 1825 n'a pas produit les résultats qu'on espérait en tirer
» dans l'intérêt des consommateurs, mais elle a produit des effets entièrement opposés. Au lieu de favo-
» riser l'engrais des bestiaux, elle l'a totalement détruit ; au lieu de procurer à la capitale de meilleure
» viande à moindre prix, elle a fait substituer la viande maigre à la viande grasse, et la viande suspecte
» à la viande saine, sans apporter au prix d'autre changement qu'une augmentation ; au lieu de rendre

» par l'abaissement du prix la consommation plus facile pour la classe ouvrière, elle paraît avoir retardé
» l'accroissement autrefois plus rapide de cette consommation, en faisant élever le prix des viandes basses.
» Et le mal aurait été plus grand encore, selon toute apparence, si la mesure dont il s'agit avait pu rece-
» voir une exécution complète.... »

Après le mal décrit, il faut indiquer un remède.

Eh bien, ce rapport de 1829, si bien étudié, et qui laisse si loin derrière lui sous les rapports de fait, de droit, de science économique, de raisonnement et de style, le rapport maigre et mal motivé de 1825, ne connaît d'autre remède au mal que celui qui a été dicté par l'expérience, non seulement des siècles qui ont précédé 1791, mais des quarante années qui, à travers les soixante ans de nos révolutions, ont été préservées, par une bonne organisation de la boucherie, des désordres causés à deux reprises par la désorganisation.

Le rapport proclame *la nécessité de revenir sur une mesure* (l'illimitation) *qui a produit de pareils effets* et à l'appui de laquelle *on ne peut plus même invoquer l'intérêt de l'agriculture et celui du consommateur, car leurs intérêts bien entendus se montrent ici unis inséparablement. Le système de 1825*, condamné en 1829 *et dont il était difficile* (dit le ministre rapporteur) *de ne pas essayer l'application, quoiqu'il eût deux fois succombé sous l'épreuve du temps*, ce système était jugé. Et il y a 21 ans que, après ces deux ou trois épreuves, le gouvernement déclarait qu'*il était nécessaire de rétablir dans le commerce de la boucherie le calme et la confiance, l'ordre et la bonne foi, le crédit et la faculté de faire un bon service*, et *cela seulement par le retour vers l'ordre de choses sous l'influence duquel tout avait prospéré.*

Or, voilà ce qu'on remet en question à la suite et au nom des désordres de février 1848, sous les auspices des principes de politique et d'administration inaugurés par cette catastrophe, et soutenus et appliqués par les hommes nés de cette circonstance, et disparus du pouvoir aussi brusquement qu'ils y étaient apparus.

La Commission n'acceptera pas l'héritage des préfets de police de 1848 !

Tout se réduit, on le voit, aux deux articles caractéristiques de 1825 et de 1829 :

1825. — *A dater du 1er janvier 1828 le nombre des étaux cessera d'être illimité.*

Et quatre ans après cette expérience faite, voici ce que le gouvernement est obligé de proclamer, sous le même régime et avec la signature du même roi :

1829. — *Le nombre des individus qui pourront exercer la profession de boucher dans Paris est et demeure fixé à quatre cents.*

Ce n'était pas une révolution qui avait ainsi déplacé les conclusions des deux rapports et des deux ordonnances.

C'était l'examen et l'expérience des faits qui amenaient le rétablissement des principes.

Quoi qu'on fasse aujourd'hui pour dénaturer cette question, elle reste résumée dans ces deux articles ; toute transaction entre les deux systèmes est illusoire et désastreuse.

Il faut ou maintenir l'organisation de la boucherie en détruisant tout ce qui en altère l'utilité, sous prétexte d'une concurrence désordonnée, illégale et ruineuse pour l'intérêt public comme pour les intérêts privés ;

Ou rentrer dans la liberté absolue en affranchissant la boucherie parisienne de toutes ses obligations, et, par cela même, en enlevant aux producteurs, aux consommateurs et à l'approvisionnement toutes leurs garanties.

Choisissez.

CHAPITRE VII.

INEXÉCUTION DE L'ORDONNANCE ROYALE DE 1829 ET DE L'ORDONNANCE DE POLICE DE 1830.

D'après le *système nouveau* (comme a dit M. Tourret), système qui consiste à violer les ordonnances, et à considérer ensuite ces violations comme un droit acquis, il semblerait superflu de signaler en détail les infractions faites à chacun des articles de l'ordonnance royale de 1829 (que M. le ministre actuel de l'agriculture regarde comme le règlement *supérieur* dans la matière).

C'est un devoir que nous remplirons cependant; car nous n'admettons pas, nous, qu'une violation équivaille à une abrogation, et qu'une autorité, quelle qu'elle soit, puisse s'attribuer le droit de dire : « Je n'exécute plus telle loi, donc elle est tombée en désuétude ; je viole une ordonnance, donc elle est » abrogée. »

On devine où irait cette logique !

Qu'on dise cela des ordonnances du roi Jean, soit; mais d'ordonnances contemporaines, âgées de quelques années seulement, c'est un tort, c'est un danger.

Les deux ordonnances de 1829 et de 1830 existent; elles n'ont été ni détruites, ni remplacées. Jusqu'à ce que des actes de même valeur et de même autorité y soient substitués, nous avons le droit de revendiquer leur exécution, et de dénoncer comme arbitraires, comme illégales, toutes les mesures qui ont eu pour effet d'annuler, de contredire ou de modifier leurs dispositions.

Le Conseil d'État ne méconnaîtrait pas ce droit invoqué au nom des textes écrits.

La Commission en jugera de même dans sa conscience de jury.

Prenons pour bases l'arrêté des consuls de 1802 et le décret impérial de 1811, lois constitutionnelles, et constatons que les principes en étaient résumés et consacrés par l'ordonnance de 1829.

C'est à celle-ci seulement que nous nous référons. C'est la loi *supérieure*, a dit M. le ministre de 1850.

Nous en avons fait connaître les *considérants*. C'était une mesure réparatrice, et, par le mépris qu'on en a fait, le mal qu'elle avait voulu réparer s'est manifesté de nouveau avec plus de développement.

Énumérons les articles ainsi méconnus et déchirés.

Art. 1er. « Le nombre des bouchers, dans Paris, est fixé à 400. »

Or, par l'effet de l'ordonnance de 1825, ce nombre s'était élevé à 514. Il s'agissait donc d'opérer, pour satisfaire à la nouvelle ordonnance, la suppression de 114 étaux.

Par quel mode effectuer cette suppression ?

L'ordonnance royale y avait pourvu, en principe; l'ordonnance de police, dans les moyens d'exécution.

Art. 2 de l'ordonnance royale : « Les étaux qui sont actuellement en activité pourront être rachetés » par le syndicat, et supprimés jusqu'à réduction du nombre des bouchers à 400 ; le rachat et la sup- » pression n'auront lieu qu'en vertu d'une autorisation du préfet de police. »

Voilà le principe.

Voici l'exécution :

Art. 26 de l'ordonnance de police : « Tout aspirant qui voudra s'établir avant la réduction des étaux » au nombre fixé par l'article 2 de l'ordonnance du roi, pourra en obtenir l'autorisation moyennant » qu'il achète deux étaux et qu'il en supprime un. »

Ce moyen d'exécution était imité de ce qui s'était passé de 1811 à 1822 ; mais pour qu'il fût efficace, il aurait fallu que les aspirants eussent une entière confiance dans l'état de choses que l'ordonnance de 1829 venait de créer. Or comment cela pouvait-il être ? On avait vu le gouvernement se déjuger si promptement à deux ou trois reprises sur l'institution de la boucherie, qu'il n'était plus possible d'espérer que des jeunes gens hasardassent leur patrimoine dans une acquisition si chanceuse. Les 1,600,000 fr. employés au commencement du siècle en rachats d'étaux avaient été perdus par l'effet de l'ordonnance de 1825, qui, en prononçant l'illimitation du nombre des bouchers, avait rayé, en outre, d'un trait de plume, la valeur moyenne de 25,000 fr., à laquelle les étaux s'étaient alors élevés.

Si cet article était d'une exécution difficile (car six nouveaux bouchers s'établirent seulement par le rachat de douze étaux), on pouvait lui donner plus d'effet par une déclaration solennelle ou par une loi constitutive de la boucherie, ou par une promesse de remboursement en cas de nouvelles vicissitudes dans l'organisation de notre commerce.

Mais il ne suffisait pas d'en refuser l'exécution à ceux qui la réclamaient et de le biffer par une décision ministérielle, qui ne pouvait, à elle seule, annuler l'effet d'une ordonnance royale. C'est cependant ce qu'on a fait en 1832, malgré nos réclamations. Or, si une décision ministérielle est supérieure, en thèse ordinaire, à une ordonnance de police, ce n'est pas quand celle-ci n'est que l'ordonnance de mise à exécution d'une ordonnance royale, parce que, alors, elle participe du caractère souverain de l'acte du premier des trois pouvoirs.

Dans tous les cas, si le mode prescrit par l'ordonnance de police était peu praticable, il fallait y suppléer et trouver un autre moyen d'opérer la réduction à 400 bouchers, prescrite par l'ordonnance royale. C'est ce qui n'a pas eu lieu, et depuis 21 ans, date de l'ordonnance, le nombre des bouchers est resté fixé à 501.

Or, si ce nombre était trop considérable en 1829, en 1832, en 1847, à une époque où les forains n'étaient admis que deux fois par semaine sur les marchés, qu'est-ce donc aujourd'hui où la concurrence des bouchers de la banlieue et la criée sont venues disputer tous les jours et par tous les moyens à a boucherie de Paris le service des consommateurs?

Nous ne nous arrêterons pas à l'infraction des articles 4 et 5 qui ne concernent que l'exploitation de plusieurs étaux par un même individu, et les formalités de mutation. Ce sont des détails administratifs d'un intérêt secondaire.

Nous avons hâte de reproduire les articles 14, 15 et 17, dont la lecture seule fera ressortir devant la Commission, ligne par ligne, les violations flagrantes qui en ont retourné le sens et les conséquences; de telle sorte que nous demanderions plutôt mille fois la liberté proclamée par l'ordonnance de 1825, que l'organisation de 1823 ainsi dénaturée !

Art. 14. « Il est fait défense de revendre *ni sur pied, ni à l a cheville*, les bestiaux achetés sur les mar-
» chés de Sceaux, de Poissy, de la halle aux Veaux et des vaches grasses. »

Art. 15. « Les bestiaux destinés à la boucherie de Paris et introduits dans cette ville, seront abattus
» *exclusivement* dans les cinq abattoirs généraux, situés aux barrières des Invalides, de Miromesnil, de
» Rochechouart, d'Ivry et de Popincourt. »

Art. 17. « Les bouchers forains seront admis, *concurremment* avec les bouchers de Paris, à vendre ou
» faire vendre en *détail* de la viande sur les marchés publics, en se conformant aux règlements de police. »

Chaque mot de ces trois articles est la condamnation de ce qui se pratique aujourd'hui sur les marchés de Paris, et sous la protection de l'autorité.

L'article 14 *interdit le commerce en gros* et la *vente à la cheville*.

Contre le *commerce en gros*, l'administration sera toujours impuissante tant que les préposés aux déclarations seront trop peu nombreux pour faire strictement leur devoir, et tant qu'on n'aura pas adopté la *marque* que tous les syndicats ont demandée avec instance.

Mais quant à la *vente à la cheville*, qu'on a toujours l'air de vouloir proscrire et que l'on tolère toujours, parce que c'est une nécessité qui résulte du trop grand nombre de bouchers, pourquoi en inscrire la réprobation dans une ordonnance royale, quand on reconnaît tacitement le besoin de la tolérance? Ce n'est pas digne d'un acte de législation.

Mais surtout comment les ordonnances de police de 1848 peuvent-elles, en présence de la prohibition de 1849, instituer, protéger, accréditer sur le marché des Prouvaires cette *vente* colossale *à la cheville*, qu'on nomme *la criée*, et qui insulte publiquement à un acte de souveraineté ? C'est un mauvais spectacle à donner au peuple de la part des gouvernants, que le mépris des lois, de celles surtout qu'ils ont consenties ou concédées librement et spontanément. Si des faits nouveaux, des nécessités reconnues ont éclairé le législateur sur les inconvénients d'une loi, il doit se hâter de la remplacer par une autre, pour ne pas accoutumer le public à voir méconnaître et violer celle qui existe. Or, depuis 21 ans, on voit fouler aux pieds l'ordonnance qui a organisé un des grands commerces de Paris, et personne n'a songé encore à substituer un règlement nouveau, un règlement exécutoire à celui qu'on méconnaît et qu'on n'exécute pas.

Espérons que la Commission de 1850 prendra hardiment en main cette œuvre de bonne administration et de bonne politique; car, encore une fois, le respect des lois existantes est le premier lien d'une société.

Nous traitons ailleurs la question de la vente à la cheville en elle-même.

Revenons à l'ordonnance et à l'article 15 qui *interdit l'introduction dans Paris de bestiaux qui n'auraient pas été abattus exclusivement dans l'un des cinq grands abattoirs.*

Eh bien, où s'alimente la criée du marché des Prouvaires, si ce n'est dans des tueries particulières, notamment dans une tuerie en commandite qui s'est établie à Bagnolet, et qui envoie à la vente des bestiaux abattus, dont les inspecteurs du marché connaissent parfaitement l'origine. L'établissement de Bagnolet n'existe donc qu'au mépris de l'ordonnance. Il en est de même de toutes les tueries particulières qui devront se former par suite de l'appel fait aux bestiaux abattus de toutes les provenances. Tout cela est fort bien, en admettant le régime de la liberté absolue. Mais tel est le contra-sens, telle est l'iniquité du *système* actuel, c'est qu'on nous oppose à nous les servitudes du *régime* de la limitation, et qu'on accorde aux autres le bénéfice du régime de la liberté.

Pour que le droit commun qu'on allègue seulement contre nous pût être invoqué dans ce cas comme dans tant d'autres, il faudrait que le boucher de Paris pût aussi se soustraire aux frais d'abattoir; il faudrait en toute chose que le boucher parisien eût les franchises du boucher forain. Le droit commun n'est jamais appliqué qu'à celui-ci; nous restons, nous, dans le droit exceptionnel, moins les avantages qu'il nous assurait par compensation aux charges.

Nous consacrons plus loin un paragraphe spécial à l'établissement de Bagnolet.

Passons à l'article 17 de l'ordonnance.

Rien de plus clair que cet article : aussi rien de plus manifeste que la violation qu'on en fait.

L'article 17 admet les forains à vendre *au public* et *en détail* de la viande dans les marchés de Paris.

De cet article-principe sont émanés trois articles d'exécution, insérés dans l'ordonnance de police du 25 mars 1830, et qui sont tous également violés, les articles 245, 246, 250.

Pour ceux-ci, on alléguerait vainement qu'ils ont pu être rapportés par d'autres ordonnances de police, celles de 1848 et de 1849. Nous avons soutenu et prouvé le contraire. Une ordonnance de police, faisant office de règlement d'administration, pour l'exécution d'une ordonnance royale, ne peut pas être infirmée dans ses conditions essentielles par un arrêté préfectoral ordinaire qui ne relève pas d'une loi supérieure.

Eh bien, les bouchers forains vendent-ils, en effet, leur viande *au public* et *en détail* (seule excuse, ou du moins seul prétexte que pouvait avoir la faveur dont on les couvre, le prétexte d'assurer, par leur concurrence, aux petits consommateurs, leur pot au feu quotidien à prix réduit, puisque le boucher de banlieue ne supporte pas les mêmes frais que le boucher de Paris) ?

Non; les ordonnances de 1829 et de 1830, pas plus que les derniers arrêtés, n'ont pas obtenu ce résultat, le seul qui fût à désirer, le seul qui pût expliquer tant d'abus de pouvoir ! Le pauvre n'a rien gagné à toutes ces mesures. On a seulement échelonné deux ou trois regrats les uns sur les autres. Au lieu de la simple intervention du boucher parisien s'alimentant à Poissy, près du producteur, et rapportant sur son étal, au consommateur, la viande dépécée, on voit aujourd'hui le producteur s'adresser à la tuerie de Bagnolet, par exemple : premier degré ; celle-ci envole au facteur de la criée : second échelon ; l'étalier du marché achète à la criée, pour revendre sur place : troisième intermédiaire. Quant au boucher forain, il garde pour son état de la banlieue ses bas morceaux, dont il trouve le placement dans sa commune, et il n'apporte à Paris que les pièces d'élite, qu'il cède, en demi-gros, au boucher de Paris, de qui le public ne tient, alors, la viande que de seconde main. Répétons-le, c'est la cheville qui a changé de local et d'agents. Et au lieu de simplifier les rouages, on les a compliqués ; au lieu de supprimer des intermédiaires, on en a créé de nouveaux. De là une échelle croissante de bénéfices et un renchérissement de la denrée qu'on a plutôt éloignée du peuple qu'on ne l'a rapprochée. Les bouchers forains ont donné pour raison de la suppression du détail qui leur est prescrit, que la multiplication des surfaces contribuant à accélérer l'altération des viandes, il était convenable de ne la couper que par quartiers, et l'autorité a admis cette tolérance, qui renverse le principe de leur concours.

Il en est résulté encore une autre violation de l'ordonnance de police, celle de l'article 245, qui *interdit, dans les halles, le commerce de pièces détachées de boucher à boucher.*

Nous n'insisterons pas sur cette concession exorbitante de l'autorité, accordant à la boucherie de banlieue la vente quotidienne, quand la loi écrite (art. 246 à 248) ne lui accordait que deux jours par semaine. Ce serait puéril de notre part. Les faits parlent d'eux-mêmes. Disons seulement qu'on a trouvé trop lente l'agonie de notre commerce, puisqu'on a triplé les causes de sa ruine.

Voici une infraction contre laquelle nous ne réclamons qu'au nom de l'intérêt général. L'article 250 *enjoint à tous les bouchers, parisiens ou forains, d'apporter sur les marchés publics, proportionnellement, des trois espèces de viandes.*

Or, le forain n'apporte presque jamais que celle des trois espèces qui lui assure du bénéfice, telle, par exemple, que le veau, qu'il sait vendre avec avantage, non pas au public, mais au boucher de Paris. Dans la saison d'été, où les campagnes des environs sont habitées, il ne réserve pour le marché de Paris que ce qu'il n'a pas pu placer chez ses clients de la banlieue. Le marché public n'est donc jamais sûr de recevoir de lui des quantités égales et l'assortiment voulu par l'ordonnance. C'est là un des côtés de la question que l'autorité qui veille sur l'approvisionnement de Paris ne devrait pas perdre de vue.

Nous pourrions multiplier ces exemples d'inexécution des règles que l'administration avait tracées pour elle comme pour nous, et que nous n'avons cessé de respecter, en ce qui concernait nos obligations. Il y en aurait plus de cinquante à signaler dans les 300 articles dont se compose l'ordonnance du 25 mars 1830. Ne nous arrêtons plus qu'à celle qui en explique beaucoup d'autres.

L'article 7 est ainsi conçu :

« Il y aura six inspecteurs de la boucherie, et plus, s'il est nécessaire, *pour surveiller toutes les contra-* » *ventions aux règlements qui pourront se commettre, réprimer le mercandage,* et CONCOURIR AVEC le » *syndicat* à l'exécution *de toutes les mesures* jugées nécessaires dans *l'intérêt général.* Ces six inspec- » teurs seront proposés par le syndicat au préfet de police, et nommés par ce dernier. »

Cet article était, pour nous, la garantie de tous les autres. La bonne exécution du service et des ordonnances reposait sur l'inspection. Notre action sur elle était définie ; ils devaient *concourir avec nous* dans l'intérêt général. Nous les *proposions* à la nomination du préfet, et, même depuis la promulgation de cette ordonnance organique, on avait renvoyé leur traitement à notre charge. C'étaient autant de gages pour nous d'un concours loyal, d'une inspection vigilante.

Il n'en est rien. Le syndicat ne trouve dans l'inspection (nous faisons allusion principalement à celle du marché des Prouvaires où se pratiquent les opérations qu'il nous importe le plus de bien connaître), le syndicat ne trouve qu'une inaction et une résistance systématiques. Ce n'est pas tout. L'autorité accordée à ces agents, disons mieux à l'agent de l'administration, à l'inspecteur de police principal qui les influence, se tourne contre nos intérêts, contre l'intérêt général. Nous ne hasardons ici aucune parole ; nous savons la portée des mots, et nous sommes prêts à fournir nos preuves.

Répétons, en terminant ce chapitre, que nous avons (sous l'apparence d'une digression plus ou moins personnelle) touché réellement au fond des questions ; car c'est l'indiscipline, c'est la préoccupation étrange des agents de la surveillance qui a produit l'inexécution des ordonnances et des règlements.

CHAPITRE VIII.

INTÉRÊTS RESPECTIFS DES HERBAGERS ET DES BOUCHERS.

On s'est appliqué longtemps, dans des intentions hostiles à la boucherie, à séparer de sa cause celle des herbagers ; et ceux-ci, malheureusement pour eux, comme pour nous, se sont laissé prendre à cette tactique. L'expérience aurait dû pourtant les avertir ; car c'était sur leurs instances, c'était par suite d'engagements pris à leur égard, qu'avait été rendue la désastreuse ordonnance de 1825, contre les effets de laquelle ils n'ont pas tardé à protester, de sorte que l'ordonnance réparatrice de 1829 a été provoquée, à son tour, par leurs réclamations. Dès ce jour, ne devaient-ils pas comprendre que leurs intérêts et les nôtres étaient complétement solidaires ?

Cependant, on essaye encore de les abuser.

La plupart d'entre eux sont trop éclairés sans doute pour être dupes du charlatanisme qui leur promet qu'on paiera leur bétail plus cher, à condition que l'on vendra, ici, la viande à plus bas prix. L'épreuve que l'on fait aujourd'hui sous leurs yeux, au marché des Prouvaires, doit achever de les convaincre.

Dès 1824, quand s'élevèrent les premières discussions entre la boucherie et les producteurs, ceux-ci ne s'étaient pas aperçus qu'ils ne faisaient que soutenir les prétentions de commissionnaires en gros, faisant le commerce de bétail à leur détriment, comme à celui du public. Ces intermédiaires parasites s'étaient présentés à l'autorité comme des producteurs de bestiaux, et avaient exploité l'intérêt que cette cause inspire naturellement. Mais quand cette intervention fut écartée, quand les producteurs se présentèrent eux-mêmes au gouvernement, on vit substituer aux vingt ou trente prétentions, formulées par les premiers pétitionnaires, des vœux plus réfléchis, plus praticables, qui se résumèrent dans des conclusions contre lesquelles nous aurions peu d'objections à élever.

Ainsi, dans une requête, fortement motivée, qui suivait de près un *Mémoire* publié par nous, les herbagers de Normandie concluaient en ces termes :

« Après avoir vu, à quatre années d'intervalle, leurs intérêts et leurs droits remis en question par les
» deux ordonnances du 12 janvier 1825 et 18 octobre 1829 qui ont consacré deux systèmes diamétrale-
» ment opposés, le système restrictif et le système de liberté, les bouchers ont exposé dans un *Mémoire*
» la nécessité d'une solution à la fois *définitive* et *législative* qui donnât enfin de la fixité à leur position
» et à la nôtre.

» Sous ce premier rapport, les herbagers ne peuvent que joindre leurs vœux à ceux de MM. les bou-
» chers ; car tous les changements fréquents de position de la boucherie de Paris réagissent sur leur
» propre position à eux-mêmes, et nuisent aux intérêts de l'agriculture, aussi bien qu'à ceux du com-
» merce. »

Et les herbagers réduisaient leurs demandes :

1° A ce que le nombre des bouchers fût élevé à 450, au lieu de 400, fixé par l'ordonnance (et par conséquent à 50 de moins qu'aujourd'hui) ;

2° Au maintien de la Caisse de Poissy, quoique selon eux, elle ne fût utile qu'à la ville et à la boucherie ;

3° Au partage égal entre les vendeurs et les acheteurs, de la responsabilité de neuf jours, fixée par les ordonnances et par des arrêts souverains ;

4° Enfin, à la création de commissionnaires agréés ou facteurs, avec 50,000 de cautionnement, pour la vente des bestiaux.

Il y a loin de ces conclusions à celles qu'on avait imprudemment posées au nom des herbagers, et à colles qu'on vient de ressusciter encore dans les congrès et conseils agricoles récemment assemblés à Paris.

Ce langage n'était pas seulement celui des intéressés, qui sont bien éloignés de conclure aujourd'hui à la liberté du commerce de la boucherie; c'était aussi celui d'un magistrat considérable, qui avait pu juger en administrant un des plus beaux départements de la Normandie, la pensée véritable des herbagers de ce pays.

Voici ce qu'écrivait M. Target, préfet du Calvados :

« L'intérêt des consommateurs et celui de la liberté du commerce doivent sans doute être protégés ; » mais l'intérêt de toute une classe de propriétés ne leur doit pas être sacrifiée. Il est de fait que les » propriétés d'une grande partie de la Normandie recevraient une atteinte profonde, si les sages et con- » ciliatrices dispositions de l'ordonnance du 18 octobre 1829 étaient rapportées. En cette matière, il se- » rait dangereux de céder sans un très-sérieux examen, à l'entraînement des idées, et l'administration » est souvent obligée de faire fléchir la sévérité des principes. Que l'on rende complétement libre à » Paris le commerce de la boucherie, et très incessamment le Calvados souffrira beaucoup de cette me- » sure, surtout si le commerce en gros, dit à la cheville, cesse d'être prohibé. »

Eh bien, on a fait depuis février ce que redoutait si fort M. le préfet du Calvados.

Car l'extension exagérée donnée au commerce des forains sur les marchés de Paris n'est qu'une *illimation déguisée*.

Et la vente à la criée n'est autre chose qu'un *commerce à la cheville*.

On le voit, il ne s'agissait pas alors entre les herbagers et nous, de luttes d'intérêts, ni de disssidences sur les mesures conseillées à l'administration.

En demandant que le nombre des bouchers fût fixé à 450 au lieu de 400, les herbagers ne pouvaient pas avoir sous les yeux des éléments décisifs en faveur d'un nombre plutôt que d'un autre. C'était une évaluation approximative.

Ce que nous demanderons, nous, en transigeant sur le droit que nous a créé l'ordonnance royale, c'est que le nombre des bouchers soit proportionné à la population, et nous croyons indiquer un chiffre rai-sonnable, en proposant un étal par 2,400 habitants

Quant à la suppression ou à la réduction du droit d'entrée des bestiaux étrangers, nous subordonnerons notre opinion à celle des herbagers eux-mêmes. Ils demandent le maintien du droit. Soit ; c'est un engagement qu'ils prennent de tenir la production au niveau de la consommation, et, par conséquent, de ne pas se plaindre de la baisse de prix de leur bétail, s'il en survient, ou de ne pas occasionner des renchérissements dont on fait toujours retomber le tort sur la boucherie.

Pour ce qui concerne la garantie des bestiaux fixée à neuf jours, nous ne comprendrions pas le par-tage de la responsabilité et de la perte entre le vendeur et l'acheteur ; ce n'est pas équitable; l'acheteur est innocent du dommage. S'il ne s'agit que de réduire la durée de la garantie, de la faire descendre, par exemple, de neuf jours à cinq ou à six, c'est une question qu'il n'appartient plus qu'à la loi de régler, car des arrêts souverains de cassation ayant maintenu les neuf jours, le législateur peut seul en décider autrement.

Sur ce point, comme sur plusieurs autres, on reconnaît qu'il est donc indispensable que la loi inter-vienne pour constituer enfin l'organisation de la boucherie, et préserver l'un des principaux commerces de la capitale des vicissitudes ruineuses qu'il a eu a subir depuis soixante années.

L'alimentation publique touche à des intérêts si précieux et si délicats, qu'on ne saurait trop nettement en fixer les conditions.

La quatrième demande des herbagers (alors qu'ils parlaient par eux-mêmes et non plus par quelques intéressés privilégiés), c'était la création de facteurs préposés à la vente du bétail. Si ces facteurs de-vaient, comme ceux qui existent sur le marché au beurre et aux œufs, vendre à la criée les bestiaux sur pied, nous combattrions cette idée; et nous démontrons, en effet, dans un chapitre, que ce serait impraticable. La nature de la marchandise s'y oppose. S'il ne s'agit que de substituer des facteurs réguliers aux commissionnaires libres que les éleveurs sont toujours forcés d'employer, nous n'avons rien à objecter. Offriront-ils plus de garantie que la Caisse de Poissy? nous ne le croyons pas. C'est un double emploi seulement; MM. les producteurs en jugeront.

Les mémoires et documents émanés à diverses époques des producteurs de bestiaux, contiennent quelques autres propositions de détail sur la plupart desquelles nous sommes disposés à tomber d'accord avec eux.

Ils ont demandé que l'administration publiât une statistique séparée de la production animale; qu'on fît connaître les prix de revient des animaux présenté aux concours comme des animaux primés; que ces concours fussent multipliés dans toutes les provinces; que l'on publiât tous les systèmes d'engraissement à mesure des progrès de la science agricole; que les droits d'octroi fussent abaissés; que l'inspection et la saisie des viandes insalubres fussent garanties par un plus grand nombre d'agents; que l'on organisât partout des bureaux de bienfaisance, dont l'effet serait de faire descendre l'usage de la viande dans les classes inférieures; que l'administration fît établir des marchés commodes (comme nous le demandons depuis longtemps) pour la vente des bestiaux, en même temps qu'elle en règlerait la police d'une manière plus précise; enfin, qu'un syndicat d'éleveurs fût constitué pour se concerter avec le syndicat de la boucherie sur les intérêts respectifs de la production et de la consommation. Nous acceptons d'avance, pour notre part, cette dernière pensée.

Tous ces aperçus se représenteront dans les débats qui s'ouvrent aujourd'hui; ils méritent l'attention de MM. les Commissaires.

CHAPITRE IX.

VENTE A LA CHEVILLE.

Les différents syndicats qui se sont succédé dans la boucherie de Paris ont assez prouvé leur désintéressement, en acceptant tous, à l'unanimité, les objections élevées confusément, par divers intérêts plus ou moins éclairés, *contre le commerce à la cheville.*

Il est vrai que ce commerce profitait à ce qu'on nomme les gros bouchers. S'il est vrai que ceux qu'on nomme ainsi sont appelés ordinairement à faire partie du syndicat, il est donc également vrai que les syndicats successifs, en aidant l'administration dans la répression de ce commerce qu'elle croyait dangereux, ont fait preuve d'un zèle désintéressé pour la majorité de leur corporation.

Les syndics sont les représentants de tous leurs confrères; ils se doivent aux intérêts, et même aux préjugés du plus grand nombre.

Cela ne veut pas dire qu'en agissant dans le sens des idées de la majorité dont ils sont les organes, ils n'aient en même temps un droit et un devoir, c'est d'éclairer l'opinion qui s'égare, et de faire des observations utiles à des intérêts qui ne comprennent pas bien leur avantage.

Si les syndicats avaient pu hésiter à élever des observations sur ce sujet, ils y auraient été singulièrement encouragés par les avis contradictoires de l'administration publique, qu'ils ont vue se déjuger elle-même, sur la question du *commerce à la cheville,* avec une conviction si prononcée dans les deux sens, qu'il y avait de quoi étonner et inquiéter les consciences les plus résolues.

Qui est-ce qui a porté plainte contre le commerce à la cheville?

Ce n'étaient certainement pas les 20 ou 30 bouchers qui le faisaient, avec un si grand avantage, dit-on; mais qui ne le faisaient pourtant qu'à la demande de ceux de leurs confrères auxquels le commerce en gros rendait plus facile le négoce en détail.

Sont-ce plutôt ceux-ci qui regrettaient de prendre la viande de seconde main, avec un léger bénéfice pour celui qui la recevait de première?

Mais l'achat à la cheville n'est obligatoire pour personne. Celui qui y a recours ne s'en sert que par sa libre volonté, et par préférence. Il évite ainsi les débours de capitaux pour l'achat sur pied et les embarras de la mise en œuvre. Il s'épargne des frais de déplacement, de voyages sur les marchés; et certainement, la prime légère qu'on suppose qu'il paie au confrère, marchand à la cheville, n'égale pas les dépenses qu'il aurait faites en allant sur le marché aux bestiaux faire lui-même son acquisition.

Supposez un homme âgé, ou une veuve, qui exploite un étal. Voulez-vous les soumettre à des fatigues, à des allées et venues, à des avances, qui sont autant de servitudes? Si l'abattoir leur offre plus de facilité que le marché, s'ils ne réclament pas contre le montant de la commission qu'ils ont à payer, qu'avez-vous à dire? Là où le vendeur et l'acheteur sont contents l'un de l'autre, et ne traitent que volontairement et amiablement, qui donc peut réclamer?

Les herbagers, a-t-on dit, se sont plaints d'un monopole qui leur enlevait une part de leur bénéfice.

Et les consommateurs aussi ont dénoncé ce monopole qui tendait à faire enchérir le prix de la viande.

On voit que nous ne reculons devant aucune des objections. Nous les formulons même plus clairement que leurs auteurs, pour les rendre plus saisissables à nos juges, qui sont aussi les leurs.

Répondons à ces suppositions avec la même clarté.

D'abord, nous ne concevons pas l'existence d'un monopole sur une marchandise qui ne peut se garder sans perte. Il est reconnu qu'un bœuf conservé pendant cinq à six jours après son achat sur le marché, perd 5 0/0 de sa valeur, indépendamment des frais de nourriture, etc. D'ailleurs, on ne peut entreposer des bestiaux entre le marché et l'abattoir. Pourrait-on accumuler des bestiaux dans les abattoirs ? Non. Il faut que celui qui les achète les abatte le plus promptement possible.

Les consommateurs sont donc désintéressés dans le prétendu monopole.

Craint-on le monopole contre les herbagers ? Mais le marchand à la cheville est forcé, sous peine de perdre sa clientèle de bouchers, d'être toujours en mesure de satisfaire à leurs besoins. Il faut donc qu'il achète à peu près la même quantité de bestiaux à chaque marché ; la concurrence à l'achat est donc toujours la même ; car la concurrence effective se mesure par la somme de besoins représentés en écus, comparée à la qualité de marchandises à vendre.

Si les besoins sont petits, et le marché abondamment fourni, le grand nombre d'acheteurs n'empêchera pas la marchandise de baisser, car le boucher ne peut acheter beaucoup au-delà de ses besoins, et le vendeur ne peut différer de vendre, sans perdre.

Si les besoins dépassent l'approvisionnement du marché, les prix hausseront, quelque petit que soit le nombre des acheteurs, car ceux-ci ont des besoins qui doivent être satisfaits immédiatement.

Ainsi, dans tous les cas, il n'y a d'autres régulateurs des prix que le besoin de vendre et le besoin d'acheter, et comme ces besoins sont à peu près égaux, on peut presque toujours, sans inconvénient, les laisser aux prises.

Il y a cependant une circonstance où le nombre des acheteurs peut influer sur les prix; cette influence a lieu quand les besoins dépassent les ressources.

Dans ce cas, un petit nombre d'acheteurs supportera toujours une hausse; mais elle sera moins fo.te que si un grand nombre d'acheteurs se présentait.

Les acheteurs, en petit nombre, se connaissant tous, et pouvant apprécier les besoins de chacun, calculeront avec précision l'ensemble des besoins, et, les comparant avec les ressources, ils règleront leurs offres avec une juste mesure.

Si un très-grand nombre d'acheteurs sont présents sur le marché, il suffira qu'une partie d'entre eux s'exagèrent la modicité des ressources et l'étendue des besoins, pour que les prix dépassent toute mesure.

Il est donc évident que l'intérêt des herbagers n'est nullement compromis dans le *commerce à la cheville*. Il ne leur importe pas qu'il y ait un grand nombre de bouchers à Poissy ; il ne faut qu'un grand nombre de demandes, et les demandes se basent sur les besoins.

Mais, ajoute-t-on, *les bouchers qui vendent à la cheville établissent un véritable regrat nuisible au consommateur.*

Ici l'on prend en main la cause des consommateurs, aussi aveuglément que celle des herbagers.

Examinons.

C'est un abus de mot. Le *regrat* doit s'entendre de l'achat que fait un intermédiaire entre le producteur et le détaillant, d'une marchandise brute ou fabriquée, pour la revendre dans le même état, sur le même marché.

La police a toujours prohibé les *regrats*, et les a tous tolérés cependant, excepté peut-être pour le pain et la viande.

Ainsi, le marché en détail de la Vallée est un marché de *regrat* ; les marchandes de beurre en gros sont presque toutes des regratières ; les marchandes de poisson d'eau douce, les principales marchandes de marée et d'huîtres, un grand nombre de verdurières et de fruitières exercent un véritable regrat, prohibé, mais tellement nécessaire que, s'il n'existait pas, il faudrait le créer.

Mais la vente des bestiaux à la cheville n'est point un *regrat* ; un bœuf à la cheville est un produit *manufacturé*. La main de l'homme a façonné la marchandise.

En l'achetant, le boucher est dispensé de l'achat au marché, des embarras et des frais de l'abattage, des soins qu'exige la vente des peaux et des issues ; et, ce qui est beaucoup plus important, il est à l'abri de tous accidents, ainsi que des mécomptes qui résultent trop souvent de l'inexacte évaluation du poids et de la qualité de l'animal.

Si on calculait exactement ce qu'il en coûte à un boucher pour acheter et abattre deux ou trois bœufs par semaine, on verrait qu'il économise la moitié de cette dépense en achetant le même nombre à la cheville.

Ce mode de vente tend donc à diminuer plutôt qu'à augmenter le prix de la viande en détail ; il produit, en outre, un avantage plus important, c'est de mettre les bouchers qui ne débitent qu'un bœuf et demi ou deux par semaine, en état de donner de la viande fraîche aux consommateurs, comme aussi de s'assortir de la qualité de la viande la plus propre à leur débit, tandis qu'en achetant des bestiaux entiers, ils auraient, selon les quartiers de la ville, trop de basses viandes ou trop de viandes de choix.

Il y a des quartiers où, pendant six à sept mois de l'année, la viande se conserve à peine pendant deux jours, quelquefois pendant un seul dans un étal.

En achetant à la cheville, le plus petit boucher peut toujours avoir de la viande tuée pendant la nuit.

Cet avantage seul suffirait pour décider la question en faveur de ce mode de vente.

Le mode de vente à la cheville est un perfectionnement introduit dans la boucherie, à laquelle il assure tous les avantages dus à la division du travail, si préconisé par les nouveaux économistes.

Au reste, si le commerce à la cheville a pris, à certaines époques, une extension immodérée, c'est alors qu'on permettait, comme en 1792 et en 1825, à quiconque d'ouvrir un étal ; et comme ces nouveaux bouchers ou étaliers n'avaient ni le capital ni le crédit nécessaires pour acheter, argent comptant, aux herbagers, le bétail qui leur était nécessaire, il fallait bien qu'ils trouvassent à se procurer près de quelques-uns de leurs confrères la viande indispensable à leur débit. Cela indique assez que si les gros bouchers, comme on le dit, ont quelque avantage à faire le *commerce à la cheville*, ils en auraient un plus grand à ce que ce commerce ne fût pas praticable, c'est-à-dire à ce que le nombre des bouchers fût assez limité pour que chacun d'eux fût en position d'aller faire lui-même ses achats sur le marché aux bestiaux.

C'est ce que l'administration reconnaissait parfaitement quand elle imposait à tous les bouchers l'obligation d'acheter leurs bestiaux sur les marchés de Sceaux, Poissy et marchés de Paris, et quand elle en faisait une condition expresse de leur admission au nombre des bouchers de Paris ; mais elle n'a pu tenir la main à l'exécution de cette condition, en présence de l'invasion d'étaliers qu'elle avait autorisés.

C'est en cela qu'elle contrariait elle-même ses bonnes intentions. Car ce n'était qu'en assurant aux bouchers une étendue de commerce suffisante par la réduction du nombre des étaux, qu'elle pouvait exiger rigoureusement que chaque exploitant s'approvisionnât directement sur les marchés, et alors il en aurait eu réellement le moyen.

Cette tendance funeste n'a fait que se développer, même après l'ordonnance limitative de 1829.

Acceptez donc les conséquences des principes que vous établissez.

En effet, le gouvernement, en réduisant à 300 et à 370, en 1802, en 1811 et en 1822, le nombre des bouchers, avait calculé qu'une fois la réduction opérée, chaque boucher aurait une étendue de commerce de 5 bœufs par semaine, et que cette consommation suffirait pour couvrir ses frais. Mais ce calcul de 5 bœufs par boucher était exagéré, même après la réduction ; on l'avait établi sur la vente présumée et entière ; on n'avait pas fait attention que 6 ou 7 bouchers prennent sur cette consommation plus d'un million de kilogrammes de viande pour les fournitures des hospices civils ; que d'autres fournissaient la garnison de Paris et l'hospice militaire des Invalides, et que plusieurs, enfin, par la position de leurs étaux, consommaient 5, 6, 7 et même 8 bœufs par semaine, ce qui réduisait la plus grande partie des bouchers à un débit de 3 à 4 bœufs par semaine. Était-ce une étendue de commerce suffisante ?

Or, si nous exprimions ces doutes à une époque où le nombre des bouchers était assez restreint, et où la concurrence des marchands de la banlieue était encore contenue dans de justes limites, quelles plaintes n'avons-nous pas sujet de faire entendre aujourd'hui que, notre nombre étant porté à 500, au mépris de l'ordonnance qui le fixe à 400, on déchaîne encore sur les marchés de Paris une concurrence sans mesure et sans règle ? Surtout quand cette concurrence rétablit, par force, le commerce à la cheville pour le plus grand nombre des bouchers de la capitale, et le légalise même pour les bouchers de la banlieue, puisque la criée n'est autre chose que *la cheville* en grand, transportée des *abattoirs* sur le marché des *Prouvaires*, et que le commerce des forains sur les marchés est un véritable *regrat* de la criée (1).

Observons la marche de l'invasion qui vient de s'opérer. Elle nous a enveloppés de loin. En 1822, déjà, on autorisait quiconque à s'établir boucher ou boulanger, dans les communes rurales du département de la Seine. Plus tard, on assignait à ces bouchers de la banlieue un plus grand nombre de places sur les marchés de Paris ; et enfin, en 1848 et 1849, on les y intronisait, en majorité, de manière à en faire de véritables bouchers de Paris, sans achat d'étal, sans preuves, sans frais. C'est ainsi que tous les mauvais principes, quand on les laisse s'établir, produisent leurs conséquences, et alors il est bien tard pour en réparer les effets !

Réservons pour d'autres chapitres nos réflexions à ce sujet.

Il ne s'agit ici que du commerce à la cheville.

Or, ce qu'il y a de remarquable, c'est que les réclamations contre ce commerce n'avaient été élevées dans l'origine (en 1803) que par le syndicat même de le boucherie de Paris. C'était sur nos observations que le préfet de police de cette époque avait rendu une ordonnance portant que, « à dater du 1er nivose » prochain (23 décembre 1803), il était expressément défendu de vendre en gros de la viande sur le car- » reau de la halle. »

Ce commerce fut donc entièrement aboli à la halle, car c'était là principalement qu'il existait, et s'il se continua chez quelques bouchers qui fournissaient des confrères, il ne prit réellement une grande extension qu'après l'établissement des abattoirs généraux.

Toutefois l'administration persistait à condamner ce commerce. Le syndicat de la boucherie secondait ses efforts pour l'abolir ; et il nous serait facile de reproduire aujourd'hui les arguments que nous faisions valoir il y a 30 ans, il y a 20 ans, à l'appui de notre opinion, qui était alors celle de l'autorité. Qui donc a changé d'avis aujourd'hui ? Et qu'est-ce que le marché des Prouvaires, si ce n'est un marché à la cheville ?

Où est l'intérêt des petits consommateurs, en faveur desquels, disait-on, cette concurrence était favorisée ?

En permettant aux forains d'apporter sur le marché des moitiés au lieu de quarts, des quarts au lieu de morceaux, qu'a-t-on fait pour le pauvre ? Que fait la criée qui vend des bestiaux entiers, si ce n'est une vente à la cheville, au profit de marchands qui ne font eux-mêmes que du regrat ? Or, comment ce qui était coupable est-il devenu innocent ? Comment le boucher de la banlieue, ou l'expéditeur de province, est-il bien venu de faire ce qu'on imputait à crime au boucher de Paris ? Où est la sécurité du commerce, la foi des contrats, le respect des ordonnances, la sûreté de l'approvisionnement, la moralité des actes, avec ces doctrines flexibles et complaisantes qui, d'un jour à l'autre, se déplacent et se transforment si légèrement ? Ou les opérations à la cheville étaient nécessaires et loyales dans les abattoirs, comme on soutient qu'elles le sont sur le marché, ou elles sont dangereuses et irrégulières sur le marché comme aux abattoirs ? Que l'administration choisisse entre son erreur de la veille ou son erreur du len-

(1) Un journal qui s'est consacré spécialement aux questions agricoles disait récemment :

« On se tromperait étrangement, si l'on pensait que la liberté du commerce de la boucherie contribuerait à l'abolition du mo- » nopole des vendeurs à la cheville. L'effet pourrait bien être diamétralement opposé. La liberté amènerait un plus grand nombre » de bouchers, et, sur le nombre, il y en aurait nécessairement une partie qui auraient besoin du crédit du vendeur à la cheville. » Plus la vente à la consommation sera divisée, moins il y aura possibilité pour le débitant d'aller acheter des animaux à Sceaux » et à Poissy. Les acheteurs en gros trouveraient donc de l'avantage à la liberté. »

demain ! Mais quand un grand commerce, comme celui de la boucherie de Paris, s'est organisé sur des bases arrêtées d'accord avec l'autorité compétente, peut-on brusquement et sans causes reconnues d'intérêt général, bouleverser tous les principes de son organisation et néantir ses ressources comme ses garanties ?

Nous n'entendons pas plus défendre le commerce à la cheville dans le passé que dans le présent. C'était souvent une nécessité. M. H. Say croit même à son utilité. Mais, dans tous les cas, ce n'était pas un monopole, puisque personne n'était forcé d'y recourir. Mais nous défendons les convictions, les traditions qui furent longtemps communes à l'administration et à la boucherie ; ce n'est pas nous qui les avons désertées ! Ce n'est pas nous qui réagissons contre des existences créées sur la foi de décisions acquises et de droits reconnus ! Nous en appelons à la conscience de la Commission.

CHAPITRE X.

ENTRÉE DES BESTIAUX ÉTRANGERS.

Nous avons réservé aux éleveurs, comme aux plus intéressés dans la question, le droit d'exprimer un vœu formel sur la suppression ou le maintien du tarif d'entrée des bestiaux étrangers.

A d'autres époques, nous avions demandé nous-mêmes l'entrée en franchise des bestiaux maigres, soit par des requêtes adressées à l'autorité, soit par des pétitions aux chambres. Nous avions insisté surtout sur la diminution du droit d'entrée pour les moutons, parce que, à la date de nos démarches, ce bétail était menacé d'une dépopulation rapide par suite d'épizooties considérables.

Le Conseil général de la Seine a toujours insisté, pour sa part, sur la franchise de droits pour le bétail non engraissé.

En février 1850, le syndicat de la boucherie, consulté de nouveau, a exprimé encore la même opinion.

Il y avait donc à peu près unanimité sur cette question jusqu'au commencement de cette année.

Aussi, l'Assemblée législative a-t-elle été saisie d'un projet de réduction du tarif de douane sur les bestiaux étrangers, pour toute la frontière de l'est de la France.

Mais, depuis cette époque et avant même que ce projet de loi pût produire un seul des effets qui résulteraient de son adoption, il s'est déclaré en France une baisse notable sur le prix des bestiaux ; le débat a donc changé de face ; et d'ailleurs, puisque *toutes les questions relatives à la boucherie* sont aujourd'hui soumis à une commission spéciale, pourquoi ne pas attendre l'avis de cette commission avant de passer outre ?

C'est notre avis, c'est notre désir, sous les réserves que nous avons faites ailleurs, c'est-à-dire que si les éleveurs obtiennent le maintien du tarif protecteur, ils s'engagient implicitement et moralement à ne pas se plaindre de la baisse du bétail, puisqu'elle ne proviendrait plus que de circonstances intérieures, ou à ne pas laisser imputer à la boucherie le tort d'un renchérissement considérable quand il en surviendra.

On avait longtemps égaré les éleveurs sur leurs vrais intérêts en les séparant des nôtres. Tour à tour ils ont rejeté sur ce qu'on appelle le monopole de la boucherie, le tort de la baisse du bétail en 1824, ou du renchérissement de la viande en 1825, comme si la même cause pouvait produire successivement des effets opposés.

D'autres fois, ils demandaient que, dans l'intérêt des producteurs comme dans celui de l'approvisionnement de Paris, on réglât l'apport de la province sur les marchés destinés à l'alimentation de la capitale, en fixant la quantité de bœufs, veaux, moutons à expédier. C'était une demande qu'on ne pouvait satisfaire.

On ne saurait, en effet, fixer les quantités nécessaires à chaque marché, les besoins n'étant pas les mêmes durant toute l'année. Il n'y aurait pas avantage pour l'herbager, qui aurait, parfois, trop ou trop peu, la consommation étant irrégulière, suivant la quantité des autres aliments amenés sur les marchés de Paris, ou suivant les mouvements de la population nomade. Et, par contre, il n'y aurait pas sécurité pour l'approvisionnement, exposé à des insuffisances.

Dans l'état actuel des choses, il est donc à désirer que l'Assemblée législative ajourne toute solution sur le tarif des douanes, en ce qui concerne les bestiaux étrangers, jusqu'à ce que la Commission administrative spéciale (véritable *commission d'enquête*) ait apporté à la solution ses renseignements et ses avis, puisés dans les communications de documents et dans les dépositions de témoins qu'elle aura consultés.

Le système prohibitif, le système d'un droit élevé, le système d'une réduction de tarif, enfin le système de franchise absolue ont eu, tour à tour, des motifs à faire prévaloir et des défenseurs compétents pour les soutenir. Cela prouve que c'est encore plus une question de circonstances qu'une question de principe. Pourquoi donc ne pas la soumettre au régime provisoire et transitoire des questions circonstancielles? C'est ce que nous proposerons tout à l'heure.

Écoutons un orateur homme d'État qu'on aime à entendre dans toutes les questions pratiques, qui lui sont aussi familières que les grandes questions politiques. Voici ce que M. Thiers, ministre du commerce, disait dans le sein de la Chambre des députés, le 3 février 1834, à l'appui d'une loi de douanes.

« Sans doute il faut protéger l'agriculture comme toutes les industries, mais pas tout-à-fait, il faut le
» dire, dans le même but. On protège, par exemple, les cotons, les fers pour établir cette industrie chez
» soi, et dans certains pays on y réussit complétement. On ne protège pas la culture du blé ou l'éduca-
» tion des bestiaux pour les faire naître sur le sol ; car il y en a, il y en aura toujours, sur le sol, du blé
» et des bestiaux. Mais avec l'invasion des blés ou des bestiaux étrangers, les prix tomberaient à ce
» point que certaines provinces abandonneraient la culture du blé, l'éducation des bestiaux. Que feraient-
» elles alors? Voilà la question. Ferait-on de la soie ou du vin de Bordeaux dans la Nièvre ou la Flandre?
» Ce n'est pas tout. Supposez que les blés et les bestiaux qu'on ne produirait plus, on les reçût par le
» moyen du commerce étranger, comment ferait-on le jour de la guerre? Nous accorderons, si l'on veut,
» qu'il viendrait encore pendant la guerre du blé ou des bestiaux de l'étranger (bien que l'exemple de la
» révolution démontre que l'arrivée des convois a dépendu du sort des batailles, ce qui est bien chan-
» ceux), nous l'accorderons; à quel prix arriverait le blé étranger? Or, s'il arrivait à un prix excessif,
» cela n'équivaudrait-il pas à la privation?

» Bien que le motif de la protection soit un peu différent pour l'industrie agricole de ce qu'il est pour
» l'industrie manufacturière, bien qu'il soit moindre, il a néanmoins sa réalité; mais tout cependant doit
» avoir sa mesure, et les droits qui pèsent sur les denrées alimentaires plus que tous autres.

» Jamais, par exemple, les bestiaux étrangers n'avaient été imposés. En 1816, on les a imposés à
» 3 fr. par tête; puis, en 1832, époque où l'esprit prohibitif a été dans sa force, à 50 fr. Il faut en con-
» venir, pareille transition était bien brusque, bien extraordinaire. Eh bien, le droit a produit néan-
» moins bien peu des effets qu'on en attendait, et a frappé sur certaines provinces avec une dureté
» cruelle. Le prix du bétail n'a pas sensiblement augmenté, les importations étrangères ont continué
» à peu près dans la même proportion, par une raison toute simple. Les départements du Nord, qui
» tiraient leurs bestiaux de la Belgique, les départements de l'Est, qui les tiraient du pays de Baden et
» de la Suisse, ont continué à les tirer de ce pays, parce qu'ils ne pouvaient les prendre en Normandie
» ou en Saintonge, et se sont soumis à payer le droit, quelque élevé qu'il fût. Le droit a donc été une
» souffrance pour certaines de nos provinces, sans être un avantage bien sensible pour les autres. C'est
» là un droit dont nous demandons la réduction, non pas de la moitié comme l'année dernière, mais
» d'un tiers, de manière que la proportion arrive de 50 à 36 fr. Nous nous sommes arrêtés là pour n'aller
» trop vite en aucune chose. »

Ce sont là des conclusions conformes au caractère modérateur de M. Thiers. Elles étaient soutenables à cette époque; mais aujourd'hui, par suite même d'une grande révolution politique et des exigences économiques qu'elle entraîne dans deux sens opposés : d'un côté, de la part des passions surexcitées ; de l'autre, de la part des souffrances qui demandent réparation, une transaction est peu facile. Aussi, voyons-nous le parti soi-disant progressif (et qu'on pourrait appeler révolutionnaire) lutter pour l'abaissement de toutes les limites, de toutes les barrières ; et l'esprit conservateur (que l'on rend ainsi réactionnaire) défendre obstinément toutes les précautions, tous les tarifs. Ces prétentions exclusives sont le malheur de l'époque.

Toutefois, il faut avouer que les producteurs de bétail ont à faire valoir aujourd'hui, à l'appui de leurs réclamations, une baisse de prix qui leur permet à peine de retirer de leur vente le revient de la production.

Aussi, entendez leurs protestations contre toute réduction de droits! Elles ont été parfaitement résumées dans un *rapport* présenté au *Conseil général de l'agriculture, du commerce et des manufactures*, dans la séance du 8 mai 1850, par M. de Ste-Hermine, membre de ce conseil, au nom d'une commission composée de producteurs importants.

M. de Ste-Hermine, répondant au reproche de contradiction qu'on opposait aux éleveurs qui demandaient à la fois la réduction des droits d'octroi et le maintien des droits de douane, s'exprime ainsi :

« Nous ne comprenons pas, Messieurs, comment on a pu établir une comparaison entre les droits
» d'octroi perçus aux portes des villes et les droits d'entrée perçus aux frontières des nations. Tout le
» monde sait que les droits d'octroi n'ont d'autre but que de créer des ressources aux villes, et que les
» droits de douane ont surtout pour objet de protéger le travail national. Les villes, en substituant la
» perception au poids à la perception par tête, n'ont fait que servir l'intérêt des consommateurs et des
» producteurs nationaux qui sont dans les mêmes conditions d'existence et qui ont les mêmes charges
» publiques à supporter ; tandis que les droits d'entrée aux frontières des bestiaux étrangers ont été
» établis par tête, précisément pour empêcher l'invasion en France des petites espèces de bestiaux étran-
» gers qui nous entourent, et qui, s'ils étaient imposés à la frontière au poids et non par tête, ne paye-
» raient qu'un droit insignifiant et viendraient chasser de nos marchés les petits comme les gros bœufs
» de l'agriculture française qui ne pourraient pas supporter cette concurrence, en raison des conditions
» différentes et beaucoup plus onéreuses de production dans lesquelles elle se trouve. A cette occasion,
» permettez-moi de vous rappeler que les droits sur les bestiaux étrangers ne sont qu'une compensa-
» tion; car, comme l'a parfaitement constaté un de nos plus habiles éleveurs de France, notre collègue
» M. de Behague, ils suffisent à peine pour rétablir l'équilibre entre le producteur français et le pro-
» ducteur étranger, si l'on calcule tout ce qu'a déjà payé le producteur français sur les prairies qui
» ont nourri son bœuf, sur les bâtiments qui l'ont logé, sur les hommes qui l'ont soigné.

» Si l'on modifiait ces droits en réduisant les tarifs, il faudrait aussi diminuer les évaluations cadastrales
» des prairies, qui perdraient une partie considérable de leur valeur. »

Plus loin, au sujet de la réduction du tarif sur les bestiaux maigres, à l'exclusion du bétail engraissé, le rapporteur, à l'encontre de toutes les propositions faites jusqu'alors et des idées reçues, a développé en ces termes une opinion aussi hardie que nouvelle :

« Il serait peut-être plus fatal encore d'abaisser le tarif des bestiaux maigres que celui des bestiaux
» gras. Chaque tête de bestiaux gras, âgée, en moyenne, de 5 à 8 ans, que nous amène l'étranger, si on
» l'eût élevé, au lieu de la recevoir, aurait fait produire, il est vrai, au sol, par l'engrais qu'elle eût donné,
» avant d'être consommée, 30 ou 40 hectolitres de froment, 40 à 50 de seigle, ou la nourriture de
» douze personnes; mais la demande des bestiaux gras est limitée par les besoins de la consomma-
» tion, dont la moitié même se fait en veaux, vaches ou bœufs qu'on ne prend pas la peine
» d'engraisser.

» D'autre part, les bestiaux maigres qui nous viennent de l'étranger entrent, en moyenne, à l'âge de
» 4 ans; si nous les eussions élevés, ils auraient fait produire de plus à notre sol chacun 20 hectolitres
» de froment ou 24 de seigle; mais leur demande serait, surtout dans les premières années, trois ou
» quatre fois plus considérable que celle des bestiaux gras, parce qu'elle nous fournirait, en jeunes bêtes
» de 3 à 4 ans, nos vaches et nos bœufs de travail, et en bestiaux plus âgés, les bœufs pour les engrais
» qu'il nous serait encore permis de faire. Dans l'état actuel des choses, le cultivateur trouve à peine
» quelque bénéfice à élever, mais ce bénéfice est faible ; si vous l'entamez ou le détruisez en abaissant le
» tarif, le cultivateur cessera d'élever des bestiaux qui lui coûteront plus qu'ils ne produiront ;...... il

» achetera de l'étranger ses bêtes de travail, celles pour l'engrais. Le nombre de ses bêtes à cornes di-
» minuera de moitié ; la quantité de ses fumiers d'un tiers. Il ne sentira pas, lui, immédiatement sa perte.
» Les questions d'utilité générale, d'avenir de l'agriculture, lui sont étrangères...... Mais le sol qui,
» dans les années successives, recevra un tiers d'engrais de moins, verra diminuer ses produits dans la
» même proportion ; cet effet aura lieu partout où se produira la baisse des bestiaux maigres, et cette
» baisse se transmettra, de proche en proche, bien au-delà des points où pourront arriver les bestiaux
» de l'étranger. L'élève des bestiaux sera donc partout diminué ou abandonné ; la plaie sera générale, et
» le sol français, qui aura perdu ses animaux reproducteurs, cessera bientôt de produire la subsistance
» nécessaire à sa population. »

Et enfin, à l'occasion du droit au poids que le nouveau projet de loi propose de substituer au droit
par tête, sur la frontière, comme on l'a déjà fait à l'entrée de Paris, M. de Ste-Hermine a fait revivre une
de ces vives allocutions, familières au maréchal Bugeaud, qui, par l'exagération des mots, prouve au
moins la profondeur de la conviction :

« Je m'élève avec force contre le projet de substituer la perception au poids à la perception par tête
» du droit d'entrée sur les bestiaux étrangers. Vous avez en France des départements qui engraissent,
» vous en avez d'autres qui élèvent du bétail ; eh bien, ceux-là ont un grand intérêt à ce que ce mode de
» perception ne soit pas admis. Vous avez la Bretagne et d'autres provinces qui élèvent du petit bétail.
» Si vous faites entrer le menu bétail, vous leur portez un grand préjudice. Ce n'est pas la grande pro-
» priété, mais la petite propriété qui en souffrirait le plus ; car c'est elle, en général, qui a le plus
» petit bétail. ....

» Je redoute davantage, ajoutait l'illustre maréchal, l'invasion permanente des bestiaux étrangers
» que l'invasion des armées étrangères. L'invasion étrangère ne serait que passagère. Avec du courage,
» de la résolution, et surtout de l'union, nous en triompherions ; mais l'invasion permanente des bes-
» tiaux étrangers dessécherait votre sol, tarirait la source de toutes les productions, diminuerait la fer-
» tilité du territoire, réduirait peut-être des trois quarts la valeur de ce grand capital qui est assis sur le
» sol, et diminuerait la population de la France, et partant sa force. »

Devant ces témoignages et surtout devant la souffrance réelle dont se plaignent les éleveurs, la boucherie de Paris doit rester neutre, si elle ne reste pas convaincue. On s'est trop mépris sur notre position
à nous-mêmes, et cette méprise nous a occasionné trop de pertes pour que nous ne redoutions pas de
nous méprendre à notre tour sur la position d'une grande industrie dont la prospérité est si intimement
liée à celle de notre commerce. Nous devons donc attendre une nouvelle discussion.

Qu'on nous permette seulement d'indiquer un moyen de conciliation applicable, comme nous le di-
sions tout-à-l'heure, aux vicissitudes des circonstances économiques qui influent par leurs variations
sur le prix plus ou moins élevé du bétail. Pourquoi le législateur ne procéderait-il pas à l'égard des bestiaux comme il l'a fait en matière de céréales? Pourquoi ne pas adopter une échelle mobile de droits
d'entrée et de sortie qui suivrait le mouvement (par zônes territoriales) des principaux marchés de France,
et non pas de leurs mercuriales mensuelles, mais annuelles, car l'élève des bestiaux se calcule sur une
plus longue durée que la récolte des céréales? N'y aurait-il point là une double sécurité pour les éleveurs
et pour l'approvisionnement? Nous ne faisons qu'indiquer cette idée. La Commission en jugera.

CHAPITRE XI.

GARANTIE DES BESTIAUX.

Il reste peu de chose à dire sur la garantie des bestiaux, fixée au délai de neuf jours par des ordonnances de dates bien différentes (1673, 1699, 1782, 1830), et confirmée après de longues instances judiciaires par un arrêt de cassation, en date du 19 janvier 1841 (1).

On voit que, après cet arrêt souverain, il n'appartient plus qu'à la loi de changer le mode et d'abréger la durée de la garantie.

Quant au mode, nous ne saurions en aucun cas accepter la proposition formulée dans le *rapport* présenté par un comité d'éleveurs, déclarant : *qu'il serait juste, lorsqu'il y a lieu à l'exercice de la garantie, que la perte qui résulte de la mort de l'animal fût supportée à la fois par le vendeur et par l'acheteur, dans la proportion de trois quarts pour le premier et du quart pour le second.* C'est là une prétention tout-à-fait insoutenable que nous ne discuterons même pas.

Reste la question de la *durée* de cette garantie.

Les dispositions qui la régissent ont toujours été conçues dans l'intérêt exceptionnel de la bonne alimentation : aussi s'est-on en vain efforcé de contester ce droit spécial et de faire appliquer à la garantie des bestiaux le droit commun des articles 1611 et suivants du Code civil, ou de la loi du 20 mai 1848 sur les vices rédhibitoires des animaux domestiques. Les tribunaux ont constamment maintenu la règle exceptionnelle comme inhérente au système de précautions qu'exige la salubrité publique.

Ce n'est donc pas pour nous une question de privilége ; ce n'est pas notre intérêt que le législateur avait en vue ; c'est une règle d'utilité générale.

Nous avons dit ailleurs :

« En réduisant la durée de la garantie, on exposerait le boucher à perdre son recours contre le vendeur. Car supposez qu'un bœuf vienne à mourir le quatrième ou cinquième jour après l'achat, comme cela arrive fréquemment. Si le boucher est à Sceaux et à Poissy, il ne rentrera que le soir, et c'est encore pour lui un jour de perdu. Ses affaires l'appelant sans cesse au dehors, il vaut mieux lui laisser un peu de latitude que limiter rigoureusement son délai.

» Dans l'intérêt de la consommation, le délai de neuf jours est encore plus indispensable. En le modifiant, les marchands auront moins de soin de leurs bestiaux, et les bouchers, pour éviter la perte résultant de l'absence d'une garantie peu convenable, chercheront par tous les moyens possibles à

(1) « Attendu que l'arrêt du règlement rendu par le Parlement de Paris le 4 septembre 1673, renouvelé par un autre arrêt de règlement du 13 juillet 1699, et confirmé par une ordonnance du roi du 1er juin 1782, constitue un règlement spécial au marché de Sceaux et de Poissy, qui approvisionnent la ville de Paris, régie à plusieurs égards par des règlements exceptionnels ;

» Attendu qu'en consultant, soit les termes, soit l'esprit des dispositions législatives précitées, on demeure convaincu qu'elles n'ont pas eu pour but essentiel de déterminer, au point de vue du droit civil, des vices rédhibitoires en matière de vente d'animaux, vices que l'ancienne législation, comme le Code civil lui-même, avant la loi du 26 mai 1838, abandonnait à l'usage des lieux ; qu'en effet, lesdites dispositions, outre qu'elles ne s'appliquent manifestement qu'à une espèce d'animaux et à deux marchés, dans le rapport qu'ils ont avec la ville de Paris, ne sauraient s'expliquer par les principes relatifs à l'action rédhibitoire ; que la responsabilité à laquelle elles soumettent les marchands de bœufs envers les bouchers, pendant un délai fixé, a lieu pour toutes espèces de maladies, en cas de mort des animaux seulement, et à la charge de certaines mesures prescrites aux bouchers relativement à la conduite à Paris et à la nourriture des bœufs ; qu'à ce caractère il faut connaître un règlement exceptionnel déterminé par des considérations particulières à la ville de Paris, fondé sur des motifs de police et de salubrité publique, et que n'a point abrogé la loi du 26 mai 1838, qui, en réglant sous un point de vue général les cas et les délais de l'action rédhibitoire en matière de vente d'animaux, n'a voulu qu'établir dans cette partie de la législation civile une désirable uniformité ; rejette (le pourvoi des herbagers qui demandaient que la garantie fût limitée à moins de neuf jours). »

» cacher la mort de ces animaux pour les livrer au public, dont la santé se trouverait gravement com-
» promise. »

A ces objections on a opposé que l'amélioration des routes, la rapidité des chemins de fer, avaient
facilité les transports, et que la régularité de l'approvisionnement, renouvelé deux fois par semaine, semblait rendre inutile la conservation des animaux dans les abattoirs au-delà de trois ou quatre jours. On
a produit une statistique de laquelle il résulterait que, sur une moyenne de 100 bœufs qui meurent après
la vente, 48 succombent le jour même de la livraison, 42 le lendemain, 4 le troisième jour, 2 le quatrième
et 4 le cinquième. On ajoute que les cas de mort après le cinquième jour sont extrêmement rares. Mais
ne suffit-il pas qu'ils se produisent quelquefois? Et si, en effet, ces cas sont si rares, pourquoi se plaindre
de la durée des neuf jours? Pourquoi, dans la crainte d'une responsabilité si rare, refuser à la santé
publique une garantie exclusivement fixée dans son intérêt? On sait bien d'ailleurs que ce délai de neuf
jours est presque illusoire, puisque l'usage est qu'un bœuf ne passe guère plus de quatre jours à
l'abattoir.

Au reste, si nous repoussons avec force le partage de la responsabilité, nous nous opposerions moins
vivement au retranchement de deux à trois jours sur la durée de la garantie, si l'administration, gardienne de la salubrité publique, n'y voyait pas d'inconvénient.

CHAPITRE XII.

CROISEMENTS ET CONCOURS.

Depuis 25 ans environ, c'est-à-dire depuis que les imitations anglaises ont été mises à la mode, en industrie comme en politique, le système du croisement des races d'animaux a été préconisé, favorisé et surtout primé richement. Les grands propriétaires se sont livrés à ce genre d'études et d'exploitation qui occupait leurs loisirs. Nous n'avons pas à juger quels résultats on en a obtenus pour l'élève des chevaux. Le luxe a pu en tirer quelques avantages; mais a-t-on créé des chevaux de fond, supérieurs à nos normands et à nos limousins?

Ne parlons ici que de l'élève des bestiaux.

Le gouvernement, pour sa part, a fait des essais et des dépenses de concert avec la grande propriété, pour obtenir des croisements utiles. Nous avons sous les yeux un compte-rendu de 1847 qui résume les sacrifices faits en quinze années, dans une intention dont les résultats ne sont pas encore bien clairs, car ce n'est pas tout de faire de bonne marchandise, il faut faire du bon marché, et nous craignons bien que le prix du revient annulle l'avantage de l'opération.

Quoi qu'il en soit, voici comment s'exprimait, à ce sujet, en 1847, M. le Ministre du commerce et de l'agriculture :

« L'activité de l'administration n'a rien négligé pour la multiplication et l'amélioration des bestiaux.
» Avant 1840, le système d'encouragement ne comprenait que des primes accordées à l'industrie privée.
» Aujourd'hui, sans que le nombre et la valeur de ces primes aient cessé de s'accroître, des subventions
» annuelles affectées à l'achat des reproducteurs propres à régénérer les races, sont accordées à un grand
» nombre d'associations agricoles. En outre, et dans le but d'augmenter dans nos races indigènes la
» production de la viande, le gouvernement a fait importer d'Angleterre, en 1833 et 1837, deux races
» des espèces ovine et bovine justement célèbres par leur précocité, leur aptitude à l'engraissement. De
» 1833 à 1839, il a été importé, en moutons Diskley, 48 mâles et 110 femelles; en bœufs Durham,
» 28 mâles et 37 femelles. Les animaux de la race ovine sont placés à Alfort, ceux de la race bovine au
» haras du Pin. La vacherie du Pin, comme la bergerie d'Alfort, ont servi à des expériences de croise-
» ments. Elles produisent des types de race pure qui sont vendus aux cultivateurs, publiquement et aux
» enchères. A la fin de 1839, il avait été ainsi vendu 201 béliers et brebis, et 10 taureaux et 1 vache.
» A partir de 1840, le chiffre des importations s'élève en moutons Dishley à 178 mâles et 218 femelles;
» en bœufs Durham à 88 mâles et 71 femelles. Le chiffre des ventes suit une progression relative : il com-
» prend 533 bêtes à laine, dont 346 mâles et 187 femelles; 187 bêtes à cornes, dont 128 taureaux et
» 59 veaux, génisses, etc. La création des vacheries pour la reproduction en France des animaux amé-
» liorateurs dont les types ont été empruntés à l'Angleterre, est un véritable progrès; on obtient ainsi des
» reproducteurs acclimatés, bien préférables à ceux qui viendraient de l'étranger. C'est en vue de ce
» résultat, qu'outre la vacherie du Pin, deux autres établissements semblables ont été formés, l'un à
» Pousseray (Nièvre), l'autre à la ferme-école de Camp (Mayenne). Ces soins donnés aux croisements
» entre la race Durham et nos différentes races indigènes, n'ont rien d'exclusif. Des primes sont tou-
» jours accordées aux animaux les plus remarquables des races pures d'Aubrac, du Charolais, etc. Enfin,
» l'administration ne monopolise pas les essais d'amélioration; elle provoque, elle encourage les efforts
» et les travaux des cultivateurs qui se livrent à des expériences sur le croisement des races.
» Sous l'influence de ces différentes mesures, dont le système embrasse les concours de Poissy, de
» Lyon, de Bordeaux, l'élève et l'engraissement du bétail sont aujourd'hui en progrès, et permettent

» d'espérer dans un avenir prochain de notables améliorations dans les conditions hygiéniques et ali-
». mentaires de la classe la plus nombreuse. »

Ce sont là, sans doute, d'excellentes intentions ; mais, peuvent-elles produire, en effet, le résultat qu'on se promet, celui d'améliorer les conditions alimentaires et hygiéniques des classes populaires? On ne peut encore s'en rendre un compte exact.

Les concours agricoles n'auront une signification vraie et utile que lorsque les rendements des ani- maux primés seront établis à l'abattoir. Le concours de Poissy, par exemple, a été créé pour encourager la production des bœufs gras, des bœufs de boucherie. Les prix doivent donc être exclusivement réser- vés aux animaux qui ont le plus d'aptitude à prendre la graisse. Or, on a dit (nous n'affirmons rien) que le jury de 1850 aurait eu le malheur de commettre d'assez graves erreurs sur le mérite des animaux à *l'abattoir*, et se serait laissé séduire par des apparences.

Ainsi le bœuf qui a obtenu la seconde prime aurait donné en chair nette 68 0/0, plus 105 1/2 kilo- grammes de suif, tandis que la première prime, trois fois couronnée, n'a donné que 62 0/0 de chair nette, et 78 1/2 kilogrammes de suif: c'est-à-dire que, en termes de boucherie, il n'était que de seconde raie. Répétons donc, d'après ces faits, plus ou moins bien constatés, que l'utilité des concours et des primes ne sera bien reconnue qu'après vérification faite à l'abattoir du rendement des animaux primés, et de l'influence des croisements qu'on encourage.

Il est bien entendu que nous n'exprimons pas d'opinion sur ce qui ne se rapporte pas à la boucherie, c'est-à-dire sur l'avantage de ces croisements et de ces primes en ce qui concerne les bœufs de trait, les bœufs de labour, et les laines. Il ne s'agit dans notre pensée que des viandes livrées à la consommation. On a dit :

« Pourquoi la production de la viande n'est-elle pas, en France, en rapport avec la population?
» Parce que nous n'avons pas d'animaux propres à la boucherie, parce que l'élevage et l'engraissement
» coûtent plus qu'ils ne rapportent. C'est en vain, ajoute-t-on, que le gouvernement, les sociétés d'agri-
» culture et les comités multiplieront les primes pour exciter à la production du bétail ; celui-ci restera
» toujours dans une situation relative inférieure, tant qu'il donnera moins de bénéfice que les autres
» produits agricoles. »

Si la logique n'est pas un vain mot, on doit conclure de ce qu'on vient de lire qu'il faut trouver les moyens d'élever le prix des bestiaux sur les marchés.

Or, si, depuis quarante ans, le fisc d'un côté a lui-même élevé l'impôt qui frappe le bétail et la bouche- rie ; si, d'autre part, on demande une élévation de prix pour les bestiaux, comment prétendre en même temps à opérer une baisse sensible dans le prix de la viande, livrée à la consommation? Qui donc trouve le moyen de faire vendre à bon marché ce qu'on aura acheté très-cher? C'est la problème qui se présente à résoudre dans beaucoup d'affaires, et principalement dans celles qui intéressent l'alimenta- tion publique. Le producteur veut vendre à haut prix, et le consommateur acheter à prix réduit. Entre l'un et l'autre, tout intermédiaire est l'objet de prétentions et de plaintes injustes. Que faire, surtout quand l'impôt interpose ses exigences et que acheteurs et vendeurs s'en prennent au commerçant (dont ils ont également besoin) d'une différence de prix dont il ne recueille néanmoins qu'une faible portion?

Qu'on nous pardonne ces légères récriminations, d'autant plus motivées que nous avons entendu en plein concours des reproches iniques contre la boucherie sortir de la bouche même de puissants éleveurs qui font, à la vérité, de grands sacrifices pour concourir; qui enlèvent des primes, mais qui, dans le cours de l'année, n'envoyent que peu de bétail sur le marché, parce qu'en effet le prix de revient est exagéré, et qu'ils sont forcés de limiter leurs produits et de les faire consommer sur place ou dans les environs. Ce ne sont pas les frais de transport à Paris qui les effrayent, puisque les autres produc- teurs nivernais, qui ne visent pas aux triomphes des concours, envoyent fort bien leur bétail à Poissy.

Jusqu'à présent, les concours n'ont produit que des succès d'amour-propre.

Est-ce à dire qu'il faille y renoncer? Non sans doute; mais le moyen de faire servir cet amour-propre à l'utilité publique ce serait, comme nous l'avons dit, de publier les prix à l'abattoir, des viandes provenues de ce bétail de luxe. Il y aurait alors entre les éleveurs de cette catégorie une émulation féconde pour atteindre non-seulement à la beauté des produits, mais à l'économie du revient, et la consommation en profiterait tôt ou tard.

Jusque là, qu'on cesse de rejeter sur nous le tort du haut prix de ces viandes de luxe, ou celui de la perte qu'on éprouve à ne pouvoir les introduire qu'au dessous de leur valeur dans le commerce journalier. Si l'on nous accuse de vendre trop cher, qu'on ne prétende pas nous forcer à acheter plus cher encore. Il faut au commerce des produits commerciaux.

CHAPITRE XIII.

RENCHÉRISSEMENT OU AVILISSEMENT DU PRIX DES BESTIAUX.

Depuis trente ans, nous avons entendu élever, tour à tour, des plaintes sur le haut prix ou sur le prix trop réduit du bétail.

On s'est efforcé de rechercher la cause directe de ces variations qui influent si gravement sur les intérêts de la boucherie.

On n'a pas voulu voir qu'elles résultaient non point d'une cause unique, mais de mille causes incidentes et indirectes, sur lesquelles la volonté de l'administration ne saurait agir spécialement, parce qu'elles ne sont elles-mêmes que les conséquences soit des événements généraux, soit des mouvements économiques que la force des choses, les accidents de la nature et la marche de la société occasionnent dans les rapports de la production et de la consommation.

Indiquons-en quelques unes.

Ainsi, que les saisons produisent de bonnes ou de mauvaises récoltes en fourrages, le prix du bétail sera plus ou moins élevé, suivant leur qualité.

Qu'un hiver rigoureux fasse geler les racines et les légumes qui forment la principale nourriture des bœufs du Chollet, ainsi que de ceux de l'Anjou et d'une partie de la Vendée (espèces qui approvisionnent Paris de mars à juin), le renchérissement s'ensuivra; il s'étendra par contre-coup aux bœufs limousins et à ceux de Périgord, de Saintonge et d'Angoumois; le bœuf coûtera alors de 13 à 14 sous sur pied; et encore, ces bœufs mal nourris ne donnent qu'une viande légère et pas de suif au dedans; on n'en tire que 50 livres au lieu de 100; ils ne pèsent que 640 livres au lieu de 700; de là une augmentation de 7 à 8 centimes par livre de viande en sus d'un prix déjà exorbitant.

Retournez ces circonstances, et la baisse survient.

Ajoutez à ces causes naturelles, les droits d'introduction des bestiaux étrangers, les impôts et les octrois, qui, au lieu d'être fixes et stationnaires, devraient être mobiles, en hausse ou en baisse, en proportion de l'abondance ou de la disette des marchés de bestiaux. Calculez les progrès ou les lenteurs de la production, plus ou moins active, en fait de bétail destiné à la consommation, et les caprices de la consommation elle-même qui dépendent de plusieurs circonstances générales, telles que l'accroissement de la population, et la concentration dans les grandes villes, d'ouvriers ou de soldats agglomérés. Tenez compte d'autres considérations particulières, telles que le passage des étrangers, les approvisionnements de guerre, les ravages des épidémies et des épizooties, l'abondance de certains produits alimentaires qui suppléent quelquefois à la viande, et vous trouverez des explications suffisantes de l'élévation ou de la diminution du prix des bestiaux.

A certaines époques, on s'est inquiété d'une augmentation excessive, et tout le monde a fait appel au bétail étranger; on a demandé l'abaissement du tarif d'introduction.

Aujourd'hui, c'est le contraire. On se récrie sur le bas prix du bétail; les producteurs se plaignent de ne retirer qu'à peine le prix coûtant de leur exploitation. A cela quel remède?

Ce n'est certainement pas celui qu'on vient d'imaginer, de la vente à la criée, qui ne peut amener qu'un avilissement de prix, et, comme conséquence nécessaire, une infériorité de qualité dans les produits. Chose étrange! quand le prix du bétail s'élève, l'administration s'en effraye pour les consommateurs; quand il s'abaisse, elle s'en afflige pour les éleveurs; et, dans ces deux circonstances, elle pèse de toutes ses forces sur la situation, de manière à remplacer un danger par l'autre, au lieu d'y apporter un remède qui maintienne le niveau de la production et de la consommation, et qui satisfasse au double intérêt des herbagers et du public.

C'est ce qui arrive aujourd'hui.

Les préjugés et les passions se sont évertués, après la révolution de février, à obtenir, pour Paris, une diminution dans le prix de la viande de boucherie, comme si cela dépendait exclusivement des mesures prises par l'administration.

Après février, on a supprimé les droits d'octroi; et en même temps que cette mesure produisait pour les consommateurs des hauts morceaux une diminution de 5 à 10 c. (car les basses viandes sont toujours vendues au prix le plus réduit qu'il soit possible de leur donner en tout temps), on a reconnu qu'il n'en résultait aucun avantage pour les producteurs, et que c'était une perte sèche pour la ville, sans compensation réelle pour les classes laborieuses; on a rétabli l'octroi.

Plus tard, on a quintuplé le nombre des bouchers forains appelés à fournir les marchés de Paris, pour faire, soi-disant, concurrence aux bouchers parisiens; et, tout en ruinant ceux-ci, au mépris des lois qui les protégeaient, on n'a pas obtenu les réductions de prix qu'on espérait, parce qu'on a plutôt aggravé qu'atténué les causes accessoires qui surchargent le prix de la viande débitée.

Enfin, on a inventé la criée, et les abus inséparables de ce mode de vente se sont manifestés immédiatement. Sur 200,000 kilos de viande de boucherie, vendus dans un mois, à la criée, on a saisi 6,000 livres de viande insalubre. Comptez ce qui échappe à l'inspection, toujours insuffisante, par le nombre trop restreint des inspecteurs, et vous jugerez des effets désastreux de cette vente, sans garantie, sans responsabilité, faite au hasard, et qui livre impunément de mauvaise marchandise, parce que l'acheteur ne peut s'en prendre à personne. Aussi annonce-t-on déjà que des consommateurs, un moment séduits par la promesse du bon marché, se détournent aujourd'hui de la criée, où ils n'ont trouvé que des mécomptes. On assure que les troupes de la garnison de Paris qui y avaient été poussées en masse, s'en retirent successivement : c'était inévitable.

Mais revenons à la question des bestiaux, dont le prix a diminué subitement, depuis trois mois que la criée a pris un peu plus d'essor.

A entendre les partisans de celle-ci, on devait s'attendre cependant à ce double miracle de voir élever le prix du bétail, et diminuer le prix de la viande. Il n'en est rien.

L'agriculture se plaint. On remarque une décroissance fâcheuse dans le prix des terres et des fermages. Pour ce qui concerne les bestiaux, les grandes tailles ont disparu devant le droit au poids. Le jeune bétail, à trois ans et demi, est poussé à la viande, tandis que les anciens bœufs de six, sept et huit ans, étaient recherchés pour les *suifs* et *cuirs*, qui sont dépréciés de moitié depuis l'usage des oléariques, gaz et huiles, et des importations étrangères de dépouilles d'animaux. Le droit de 55 fr. à la frontière n'a pas empêché l'entrée des cuirs, et celle des saindoux d'Amérique pour huile de suif saponifié. Le désordre apporté dans l'organisation de la boucherie depuis 1848 a changé les relations des producteurs avec les marchés de la boucherie et avec les bouchers, et personne n'en a profité.

D'un autre côté, le perfectionnement des moyens de transport, la rapidité de la vapeur et l'adoucissement de la route, enfin le *wagon* transformé en *étable*, ont amené de nouveaux concurrents sur le marché où régnaient jadis avec supériorité les producteurs des départements les plus voisins. La Normandie se plaint; la Manche n'a pas de chemin de fer sur Paris, et c'était là son débouché principal : aussi la voit-on se rejeter sur l'Angleterre.

Jusqu'à ce jour, quarante-cinq à cinquante départements seulement faisaient des envois de bestiaux à Sceaux et à Poissy, et encore les plus éloignés n'y arrivaient qu'à des conditions désavantageuses et d'infériorité relative. Les bœufs d'Auvergne, du Limousin, du Berry, du Poitou, de La Marche et du Nivernais n'y parvenaient qu'avec plus de temps, plus de frais, amoindris, fatigués, et soutenaient difficilement la concurrence des Normands. Aujourd'hui, ils y ont tout avantage; aujourd'hui ces régions sont traversées ou cotoyées par les chemins de fer du Centre, de l'Ouest, de l'Est. Lyon, Rennes, Lille, et bientôt Strasbourg se trouveront à quelques heures de Paris ; ce ne seront plus cinquante départements qui approvisionneront Paris ; ce sera la France entière. Il faut s'y résigner.

Et d'ailleurs, pour n'expliquer que la baisse actuelle, la consommation suit-elle aujourd'hui la vitesse de la production ? Depuis trois ans, la capitale, qui est son principal marché, n'a-t-elle pas rendu aux provinces une grande partie de population qu'y avaient appelée les travaux publics, si démesurément développés avant 1848 ? Un grand nombre de propriétaires n'ont-ils pas pris l'habitude de séjourner plus longtemps dans leurs terres ? Les étrangers ne sont-ils pas moins nombreux à Paris, ou n'y font-ils pas une résidence moins longue ? L'abaissement des fortunes, et la souffrance de quelques industries n'ont-ils pas amené des réductions de dépenses dans toutes les classes de la société ? Ne sont-ce point là autant de causes de baisse ? et quand l'administration y ajoute les combinaisons d'une concurrence au rabais, comment s'étonner de l'avilissement du prix du bétail pour l'approvisionnement de Paris ?

Les éleveurs se sont mépris eux-mêmes, nous le savons, sur les conséquences probables des quatre ordonnances de police de 1848 et de 1849. Ils ont cru voir d'abord dans cette concurrence presque illimitée une chance d'accroissement de consommation, et, par conséquent, de hausse pour leurs produits. Il n'appartenait pas à ces ordonnances de détruire les conditions politiques et sociales qui ont amoindri la consommation parisienne. Elles n'ont pu que déplacer et avilir la vente, en créant, au détail, des rabais factices qui devaient réagir sur les producteurs de la marchandise en gros. Les mêmes effets, nous l'avons dit, se manifestèrent après 1791, après 1825.

A cette dernière époque, les herbagers, mieux inspirés, comprirent que leur intérêt était inséparable du nôtre, et nos réclamations réunies amenèrent l'ordonnance de 1829. Longtemps cette ordonnance leur a été favorable comme à nous, quoiqu'elle ait été, dès l'origine, violée dans des dispositions essentielles par suite de la révolution de 1830. Mais, enfin, la situation était tolérable ! Or, comment ne s'aperçoivent-ils pas aujourd'hui qu'elle ne devient si pénible que depuis les atteintes profondes que cette ordonnance a reçues des actes des préfets de février ? Comment ne reconnaissent-ils pas (ou plutôt, comment reconnaissent-ils si tardivement, car on nous assure qu'ils s'éclairent enfin) que l'exécution de l'ordonnance de 1829 peut seule sauver leur cause et la nôtre, par *l'abolition totale du commerce en gros*, en faveur de l'agriculture, et par la *limitation sagement calculée du nombre des bouchers*, en faveur de la consommation ? Car, ne nous lassons pas de le dire, c'est la concurrence qui (en matière de boucherie) crée le monopole en gros ; c'est la concurrence qui maintient la cherté, en détail.

CHAPITRE XIV.

VENTE EN DÉTAIL SUR LE MARCHÉ DES PROUVAIRES ET AUTRES MARCHÉS. — VENTE A LA CRIÉE.

Nous avons, dans les chapitres précédents, posé les questions, résumé la discussion générale, analysé les actes contradictoires de l'administration, révélé leur résultat, discuté le véritable intérêt des producteurs, examiné les causes accessoires du prix de la viande, causes totalement étrangères à l'organisation de la boucherie.

Nous avons revendiqué nos droits, en vertu de la législation existante, et démontré que, de notre côté, nous avions toujours rempli les devoirs qu'elle nous imposait.

Nous avons dénoncé les infractions, les illégalités commises à notre détriment, au mépris de notre institution, et des sacrifices que l'autorité nous avait imposés en ne nous accordant qu'à titre onéreux ce qu'on nomme des priviléges.

Prouvons maintenant que ces prétendus priviléges et ce soi-disant monopole (qui étaient plus profitables, en réalité, à l'administration et aux consommateurs qu'à nous-mêmes), prouvons que cette préférence, si chèrement payée par nous, est transportée tout-à-coup, par un caprice et à titre gratuit, à une autre industrie que l'on accable de faveurs, d'indemnités, de prérogatives. On crie au monopole contre nous, et on en crée un bien plus réel au profit de quelques autres, en nous dépouillant de droits chèrement acquis et en violant toutes les garanties légales sur lesquelles nos existences sont fondées.

Ce n'est pas tout d'affirmer ; il faut démontrer ce qu'on affirme, et c'est ce que nous allons faire.

Retraçons rapidement l'origine et le progrès de cette innovation.

Commençons par ce qui se rapporte à la vente sur les marchés.

Après la licence des temps révolutionnaires, le premier arrêté régulateur intervenu (sous la date du 8 vendémiaire an XI, 30 septembre 1802) *interdisait, par son article 17, toute vente de bestiaux, pour l'approvisionnement de Paris, ailleurs que dans les marchés de Sceaux, de Poissy et de la place aux Veaux.*

Par son article 19, l'arrêté permettait *le commerce et la vente des viandes de boucherie, deux jours de la semaine seulement, dans les marchés publics.*

L'article ne parlait pas de forains.

Ce sont des ordonnances de police, en date des 15 nivôse an XI, 25 brumaire an XII et 15 juillet 1808, qui légalisèrent l'admission des bouchers forains à la vente sur les marchés, mais en maintenant *l'égalité* entre les étaliers vendeurs, en n'accordant que deux jours à la vente, en exigeant que la viande fût *apportée directement* et *vendue dans le jour même*, en prenant de grandes précautions contre *l'insalubrité des viandes*, mais surtout en défendant expressément *de vendre de la viande en gros*, sur le carreau de la halle, et en prescrivant *spécialement aux forains de ne vendre qu'en détail.*

Les choses restèrent à peu près en cet état (sauf la malheureuse tentative de 1825) jusqu'à l'ordonnance du 18 octobre 1829, qui régularisa définitivement le commerce de la boucherie et qui établit les situations respectives des bouchers de Paris et des bouchers forains.

Ne rappelons d'abord que les articles de cette ordonnance qui s'appliquent à la vente sur les marchés sur pied et à la main.

L'article 11 maintient pour la vente des bestiaux sur pied destinés à l'approvisionnement de Paris, *les marchés de Sceaux, de Poissy, de la halle aux Veaux et des Vaches grasses, à l'exclusion de tous autres, et l'article 15 fait défense d'abattre de bestiaux dans aucune boucherie, étable, bergerie et abattoir particulier.*

Si l'établissement de Bagnolet pouvait élever une équivoque sur l'application de l'article 17 de l'arrêté du 8 vendémiaire an XI, qu'a-t-il à opposer à l'article 15, si formel, de l'ordonnance du 18 octobre 1829 ; ordonnance toujours en vigueur, puisqu'aucun acte de même valeur ne l'a invalidée ; ordonnance que nous invoquerons hautement, jusqu'à ce qu'un acte nouveau l'ait remplacée ; car nous ne pouvons pas admettre que des violations administratives et une désuétude systématique équivalent à une abrogation ?

Passons à ce qui concerne les forains.

L'ordonnance est précise, Article 17. *Les bouchers forains seront admis concurremment avec les bouchers de Paris, à vendre ou faire vendre* EN DÉTAIL *de la viande sur les marchés publics, en se conformant aux* RÈGLEMENTS *de police.*

Or, que dit l'ordonnance de police, rendue le 25 mars 1830, en exécution de l'ordonnance royale du 18 octobre 1829 ?

Elle dit, article 48 : « Tous les bestiaux, sans exception, destinés à la boucherie de Paris ne pourront » être abattus et habillés *que dans l'un des cinq abattoirs généraux, à ce affectés.* »

Et Bagnolet fonctionne ouvertement !

Arrivons au titre X, sur la police de la halle à la viande et marchés publics de Paris.

Fidèle au principe de l'ordonnance royale, de l'ordonnance tutélaire du commerce de la boucherie, ce titre en reproduit l'esprit en le développant.

Art. 226. *Le nombre des bouchers appelés à approvisionner le marche des Prouvaires sera, savoir : Bouchers de Paris, 72 ; bouchers forains, 24.*

Cet article était l'application sincère de celui de l'ordonnance royale qui admettait *les forains,* CONCURREMMENT *avec les bouchers de Paris, à vendre* EN DÉTAIL *de la viande sur les marchés publics.*

Cette application était complétée par les articles 246, 249, 250 et 253 ainsi conçus :

« Les bouchers forains ne pourront introduire de viande dans Paris que les *mercredis* et *samedis,* à » peine de saisie.

» Les bouchers forains apporteront leurs viandes *coupées,* savoir : les bœufs, les vaches, ainsi que les » veaux, en *demi-quartiers,* et les moutons *en quartiers,* à peine de saisie.

» Les bouchers forains et les bouchers de Paris appelés à approvisionner la halle et les marchés pu- » blics, seront tenus d'apporter proportionnellement des *trois espèces de viandes.*

» Il est expressément défendu aux bouchers forains de vendre à la halle et dans les marchés publics, » *autrement qu'au détail,* à peine de saisie des viandes. »

Jusque dans les derniers temps, tout se passait régulièrement, et nous n'avions à élever aucune réclamation. Les abus ou les contraventions de détail sur la vente des places, sur la qualité des viandes, étaient réprimés administrativement avec zèle et bonne foi.

Les événements de février survinrent ; et à leur suite l'esprit novateur, les préjugés contre toute réglementation, les vieilles jalousies sociales, et, malheureusement aussi, l'ignorance des faits et l'impatience des cupidités.

Bientôt sous l'influence des passions du moment, intervint une ordonnance de police, en date du 14 août 1848, qui, sous l'approbation du ministre du commerce et l'agriculture (M. Tourret), introduisit la *vente quotidienne* de la viande *dans les marchés* pourvus d'étaux (art. 1 et 2), établit une *nouvelle répartition des étaux,* entre les bouchers de Paris et du dehors, en accordant à ces derniers cent vingt et une places, sur cent soixante et une (art. 2), et fixa à *deux mois* pour les bouchers de Paris, et à *un an* (aujourd'hui *six mois,* autre ordonnance du 10 décembre 1849) pour les bouchers forains, l'occupation des étaux, suivant un tour de rôle réglé par le sort entre les postulants (art. 5 à 9).

La même ordonnance, tout en défendant le colportage de la viande en quête d'acheteurs, admet expressément le droit d'apport et de *vente à domicile,* sans distinguer entre les deux catégories de bouchers (art. 10), et *abroge expressément* les articles 245, 249, 250, 253 et 254 de *l'ordonnance* de mars

1830 précitée, soit comme contraires au *système nouveau*, soit comme *tombés depuis longtemps en désuétude*.

Autant de mots, autant d'illégalités et de non-sens (pardonnez-nous l'expression ; il n'y en a pas d'autre).

Comment une ordonnance de police de 1848 peut-elle abolir une ordonnance de police de 1830, dans les dispositions *fondamentales* que celle-ci contenait EN VERTU *des principes* consacrés par une ORDONNANCE ROYALE, rendue en vertu de deux lois ?

En quoi une simple *approbation ministérielle* peut-elle remplacer *l'autorité d'un des trois pouvoirs* législatifs, existant à l'époque où fut réglementée la matière qu'elle prétend administrer ?

Qu'est-ce que cette énigme de *système nouveau*, à l'aide de laquelle on prétend réformer un acte de souveraineté ? Quel *système* existait en août 1848 ? Qu'y avait-il de *nouveau*, si ce n'est du désordre ?

Que signifie encore cette formule, commode pour les révolutionnaires administratifs, de déclarer tombées en désuétude des ordonnances royales, rendues douze ans auparavant, par cela seulement qu'on avait eu la mauvaise foi de ne pas les exécuter ? Depuis quand la violation des lois devient-elle un droit et une prescription acquise ? Le mot *désuétude* ne s'applique qu'à des édits séculaires qu'on a oublié d'abroger expressément ; comment s'appliquerait-il à des lois contemporaines qui ne peuvent être *abrogées* qu'en étant *remplacées* ; or, rien n'avait remplacé l'ordonnance royale de 1829 ; et l'ordonnance de police de mars 1830 ne pouvait être modifiée que dans des *détails d'exécution*, ressortissant des pouvoirs du préfet exécuteur, mais non pas dans ses principes, proclamés par le pouvoir souverain.

Au reste, ce n'est pas un mémoire sur la question de droit que nous avons à présenter aujourd'hui à la Commission. Cette question a été bien traitée dans *le recours* signé par notre avocat aux conseils ; nous en déposons un exemplaire sur le bureau.

Nous nous bornons à en résumer les conclusions générales.

L'ordonnance de police du 14 août 1848, qui autorise les forains à vendre *tous les jours*, et qui leur attribue les *trois quarts* des places sur les marchés, et l'ordonnance ampliative du 26 décembre suivant, qui accorde aux forains *six mois* de jouissance de leurs places, en ne réservant que deux mois aux bouchers de Paris, sont donc évidemment des violations flagrantes de la législation en vigueur.

En vain les appuie-t-on sur des *lettres* approbatives du ministre du commerce, qui, même, ne sont pas des *décisions* ministérielles, et encore moins des *décisions souveraines*. Il n'appartenait ni à l'ordonnance de police, ni à une lettre du ministre de renverser le principe d'une ordonnance royale (1).

Mais surtout, ce qu'il sera facile de démontrer dans le cours de la discussion qui va s'ouvrir, c'est que ces ordonnances, à part l'incompétence dont elles sont entachées, ont pour les économistes, à qui nous en appelons, le tort de léser l'intérêt public, de compromettre à un jour donné l'approvisionnement de la capitale, de faciliter les abus et les contraventions funestes au bien du service, en même temps qu'elles portent une atteinte grave à des droits acquis, à une propriété légale, que les divers gouvernements ont deux fois consacrée, en réparant l'anarchie de 1791 par l'arrêté de 1802. et le désordre de 1825 par l'organisation de 1829.

Nous parlons de violation de droits acquis. Elle est évidente.

L'ordonnance royale de 1829 avait fixé le nombre des bouchers à 400, chiffre auquel on devait revenir par le rachat des deux étaux pour un, jusqu'à ce que le nombre excédant eût disparu, et dès 1832, on refusait aux nouveaux bouchers cette faculté du rachat, ce qui constituait en perte de moitié sur leur prix d'acquisition ceux qui, de 1829 à 1832, avaient usé du droit de l'ordonnance.

(1) Les quatre ordonnances de police contre lesquelles nous réclamions dans le cours de ce chapitre portent les dates des 14 août et 26 décembre 1848, 3 mai et 4 août 1849.

Les lettres ministérielles sur l'approbation desquelles on les appuye ont été écrites en date des 21 février, 12 et 21 juillet, et 6 août 1849.

D'après l'ordonnance royale et l'ordonnance de police, ces 400 bouchers auraient seuls le droit de vendre et de débiter, et les bouchers forains n'étaient admis que *concurremment* sur les marchés, sous cette double condition, de *deux jours de vente* par semaine, et de 24 places contre 72 dans le marché des Prouvaires. Et les ordonnances de 1848 et de 1849 ont rendu la vente *quotidienne*, et attribué aux forains 120 *places sur 161*.

Nous reviendrons tout à l'heure sur l'interprétation donnée au mot *concurremment*.

Voilà nos griefs, en ce qui concerne la vente de la viande en détail sur les marchés, et notamment sur le marché des Prouvaires.

Mais le *système* ne devait point s'arrêter là.

Ce malheureux esprit d'innovation, sous les auspices duquel, après la révolution de février, toute idée était la bienvenue, même sans examen, quand elle se présentait avec l'intention avouée de détruire l'œuvre du passé, de faire bon marché d'un droit de propriété, et de démocratiser l'administration, inspira une seconde tentative plus hardie, plus ruineuse pour l'intérêt général comme pour les intérêts privés : *la vente à la criée* des viandes *en demi-gros*, proscrite dans les abattoirs sous le nom de *vente à la cheville*, et introduite officiellement sur un marché protégé par l'administration !

On se souvint qu'un spéculateur avait présenté, quelques années auparavant, à l'administration, qui ne l'avait pas accueilli, un projet de vente à la *criée*. Cette institution, d'intérêt général, dit-on, n'avait été inventée et mise en avant alors que par un intérêt privé. Le pétitionnaire visait à devenir facteur de la criée qu'il conseillait ; toutefois, son idée et son ambition étaient restées à l'état de projet, jusqu'en 1848.

Mais bientôt, sous l'influence des passions du moment, et sans qu'on eût procédé à une enquête, soit administrative, soit économique, deux ordonnance de police, en date des 3 mai et 25 août 1849, approuvées, la première par M. Buffet, la seconde par M. Lanjuinais, ministres de l'agriculture et du commerce, tranchèrent (toujours au mépris de l'ordonnance royale de 1829) la question de la *criée*, comme les ordonnances de 1848 avaient tranché celle du *concours des forains*. La vente en gros des viandes fraîches de bœuf, vache, veau, mouton et porc, fut autorisée sur le marché des Prouvaires, et bientôt un facteur spécial fut attaché au service de cette vente.

- Ce dernier coup porté au commerce de la boucherie de Paris nous décida enfin à élever des réclamations, d'abord amiables, mais qui furent peu écoutées. Le devoir de notre syndicat était dès lors tracé. Il forma près du ministre du commerce un *recours administratif contre les quatre ordonnances émanées en 1848 et 1849 des divers préfets de police*.

L'honorable avocat qui a signé notre pourvoi (M. Bourguignat), en énumérant les dommages que le commerce de la boucherie avait déjà subis, et subirait encore par suite de ces ordonnances, et en s'étonnant que ces atteintes nous fussent portées par l'autorité même qui avait réglementé nos droits, et que la loi avait constituée la protectrice et la gardienne de nos intérêts, a discuté la question de droit ; il a parfaitement démontré qu'il y avait excès de pouvoir de la part des signataires de ces actes.

Mais, au moment même où nous introduisions ce recours, d'abord près du ministre, sauf à le reporter ensuite au conseil d'Etat, le gouvernement prit le parti de réunir une *commission* pour examiner toutes les questions relatives à *l'organisation de la boucherie* ; et, fidèles à nos habitudes d'ordre et de conciliation, ainsi qu'à nos sentiments de bons citoyens, nous avons suspendu nos démarches et nos instances ; nous avons réservé les motifs que nous aurions fait valoir devant le ministre ou devant le conseil d'Etat pour les développer devant cette nouvelle commission, qui jugera, nous l'espérons, en dernier ressort, ce qui a été tant de fois décidé depuis cinquante ans !

La Commission peut apprécier par l'exposé qui précède, la valeur légale des actes qui ont profondément altéré le caractère du commerce de la boucherie. Nous devons croire que le ministre à qui nous nous proposions de demander justice, est édifié lui-même sur notre droit, car c'est lui qui a déclaré, dans la *notice* qu'il a fait remettre en avril 1850 au Conseil général de l'agriculture, du commerce et des manufactures, que *l'ordonnance royale de 1829 constitue le dernier état des règlemen's* SUPÉRIEURS *en matière de boucherie*. Or, si c'est un règlement *supérieur*, comment laisse-t-on subsister les règlements INFÉRIEURS qui l'ont violé?

A part l'exigence des principes de février, qu'on invoquait sous le nom de *système nouveau*, de quel prétexte s'est-on servi (car il en faut toujours un) pour fausser, pour violer ainsi le règlement supérieur?

Voici à quel sophisme on a eu recours.

L'ordonnance de 1829 disait dans son article 17 *que les bouchers forains seraient admis* CONCURREMMENT *avec les autres bouchers de Paris à vendre ou faire vendre* EN DÉTAIL *de la viande sur les marchés de Paris*.

C'est de l'interprétation du mot *concurremment* qu'on a fait sortir les quatre ordonnances de police.

Mais, admît-on cette interprétation, elle ne pourrait toujours pas devenir élastique au point de permettre la vente *en demi-gros*, car ce n'est point là du *détail*.

Eh bien, cette *concurrence* qu'on invoque ne permet pas davantage les privilèges qu'on a créés en faveur des bouchers forains, au préjudice des bouchers de Paris. Oui, nous disons les *privilèges*, et nous le prouverons ; car c'est en criant au privilège de la boucherie parisienne que l'on constitue celui de la boucherie foraine; c'est en accusant le monopole, qu'on finirait par en établir un des plus formidables. Cette tactique n'est pas nouvelle.

On regrette, on rougit de réduire les grandes questions économiques à des querelles de mots, à des disputes grammaticales qui ont disparu même des discussions du barreau! Mais on nous y force.

Consultons la langue, et sa loi suprême, le *Dictionnaire de l'Académie* (1835).

Qu'est-ce que la *concurrence*, dans le langage légal et judiciaire qui doit servir de régulateur au langage administratif?

Concurrence (c'est l'Académie qui parle) *se dit, en jurisprudence, d'une égalité de droit, de privilège, entre plusieurs personnes, sur une même chose*.

Or, les conditions de la concurrence entre des bouchers forains et nous sont-elles ÉGALES sur les marchés de Paris? Non, et c'est ce que démontrera la comparaison que nous présentons ailleurs des charges qui pèsent sur nous, des obligations qui nous sont imposées, et des immunités dont jouissent les bouchers de la banlieue, ainsi que le parallèle des frais que nous avons, les uns et les autres, à supporter pour l'exploitation de notre commerce.

Ils ne concourent donc pas avec nous, aux termes de la loi et de la langue, puisqu'ils nous font concurrence à des conditions *inégales*.

Ce qui ne semble, au premier aspect, qu'une définition de mots, est une définition de droits, de principes, de légalité.

Au reste on abuse beaucoup, au milieu du développement *commercial* et *industriel*, de ce qu'on appelle la *concurrence*.

La concurrence ne peut être que fatale, en ce qui concerne l'approvisionnement de Paris. Car loin de le garantir, elle le compromet aux époques de crise ; elle est toujours là pour disputer les bénéfices en temps de paix; elle disparaît dans les jours difficiles.

Que sera-ce donc d'une concurrence arbitraire, facultative et nomade, comme celle des marchands forains, à qui l'on n'impose aucune condition de provisions ni de vente, et qui font le commerce de Paris en amateurs?

Quelle sécurité, quelle garantie offre à la capitale et à l'autorité un genre de commerce qui n'est soumis à aucune obligation, et qu'on ne s'occupe de réglementer que pour lui assurer tous les avantages et tous les bénéfices, en l'affranchissant de toutes les servitudes et de toutes les charges?

Observons les abus que le régime de la *concurrence* introduit tous les jours, et sous nos yeux, dans tous les ordres d'affaires.

Ce sont des faits de notoriété publique.

Durant une longue suite d'années, les travaux de bâtiment ont pris une grande extension. Des rues entières sont sorties des carrières de Montmartre à la surface de Paris. Dans ces jours de développement, les propriétaires ont un grand intérêt à faire occuper le plus tôt possible leurs maisons neuves et malsaines ; c'est d'ailleurs un achalandage : le premier locataire en appelle un second. Aussi n'est-il pas rare que les constructeurs et possesseurs de maisons nouvelles, affranchis eux-mêmes d'impôts, durant un temps convenu, affranchissent leurs premiers locataires, d'une forte partie, et souvent même de la totalité du prix du loyer.

Le locataire d'un grand magasin, ainsi dispensé d'une charge considérable, traite, en fabrique, pour une espèce quelconque de marchandises ; il achète à terme, avec ou sans caution ; durant six mois, il vend au comptant, mais surtout au rabais sur tous les commerçants du voisinage, la marchandise achetée à crédit ; il enlève la clientèle des voisins ; il trompe le fabricant qui a eu confiance dans sa position de marchand somptueusement établi ; il trompe les ouvriers qui ont eu foi dans son emmagasinage et qui ont décoré ses magasins ; et un matin, ou un soir, il disparaît, ayant réalisé en argent le crédit qu'on lui a fait, et peu inquiet de laisser derrière lui des marchandises impayées, et des ouvriers qui n'ont pas même à les revendiquer en garantie.

En attendant, les marchands du même genre de commerce, et le fabricant lui-même qui voit décréditer ses produits, ont souffert du rabais de 25 à 40 0/0 que cet aventurier a offert au public, à la faveur du principe de *concurrence*. Les clients ont déserté, et quand ils reviennent, ils se montrent plus exigeants, dans leur ignorance des conditions de fraude et de vol qui ont permis le rabais impossible dont ils ont profité !

Voilà la concurrence telle que l'ont pratiquée beaucoup d'intrigants, et on veut en faire un principe commercial, en matière de denrées de première nécessité !

Un exemple récent, et que chacun est à portée de constater, c'est celui du prix du bois à brûler. Ici, nous n'avons pas à présenter des hypothèses. Le commerce du bois déclare lui-même les faits et le chiffres.

Il expose, dans un mémoire fort bien fait, les tristes nécessités où d'honorables négociants étaient réduits par l'effet de la concurrence. Nous ne reproduirons pas ces explications.

Comment les choses se seraient-elles passées, si le commerce des bois eût été réglementé comme ceux de la boulangerie et de la boucherie ? Le syndicat de la communauté (nous susbtituons ce mot à celui de corporation dont on fait semblant d'avoir peur), le syndicat eût arrêté le prix vrai de la voie de bois sur le prix réel de revient, et tous les marchands de bois étant obligés de ne le livrer qu'à ce prix, sans réduction sur la mesure, le public, le consommateur eût bien été obligé d'accepter à ce prix, justifié par le cours des bois, et cela d'autant plus qu'il n'aurait trouvé de rabais auprès d'aucun des marchands, membres de la communauté, et liés par les règlements. De cette façon, tout aurait été, sincère et régulier : achat, mesurage et vente.

Qu'est-ce donc que la *concurrence* qui n'aboutit qu'à des rivalités dangereuses ?

Nous pourrions multiplier à l'infini les exemples des inconvénients de la concurrence qui ne procure, en réalité, ni le bon marché qu'on en espère, ni l'abondance qu'on devrait en attendre, et qui ne produit, au contraire, que la mauvaise qualité de la marchandise, la tromperie sur le poids ou sur la mesure et l'inexactitude des approvisionnements.

Bornons-nous à ce qui concerne la boucherie.

Deux essais ont eu lieu.

L'un par suite de la loi de 1791 ; l'autre en vertu de l'ordonnance de 1825.

Et il a fallu que le gouvernement consulaire, en 1802, réparât la faute de la révolution ; il a fallu que la monarchie se déjugeât à quatre ans de distance, et abrogeât par l'ordonnance de 1829 celle de 1825.

Il y a plus ; la liberté illimitée étendue après 1791 au commerce de la viande par la loi d'émancipation de toutes les industries, produisit de tels abus, de tels désordres, une anarchie si dangereuse, que le gouvernement révolutionnaire (lui-même) fut obligé d'abolir, par un acte d'autorité, le commerce de la viande sur les marchés publics.

Voici cet arrêté de *suppression*, en date du 5 thermidor an V.

Nous en reproduisons le préambule :

« Considérant qu'il s'est établi, dans la vente de la viande sur les halles et marchés, un tel désordre,
» qu'il est urgent d'y remédier ; que ce commerce est exercé, en général, par des particuliers qui n'en
» ont aucune connaissance et qui exposent journellement des viandes provenant d'animaux morts natu-
» rellement, ou n'ayant pas l'âge requis pour entrer dans la consommation ; que la manipulation des
» viandes exige des emplacements convenables et toutes sortes de soins pour en prévenir la corruption ;
» qu'il est d'une impossibilité reconnue d'user des précautions nécessaires pour les conserver en bon
» état dans des marchés exposés aux injures de l'air et aux intempéries des saisons, et que l'usage de ces
» viandes est généralement regardé conme très-insalubre ; considérant, enfin, que les individus qui se li-
» vrent au mercandage, ne mettant aucune distinction dans les achats, les abats et la vente des bestiaux, il
» en résulte que le public est fréquemment trompé sur la qualité des viandes et qu'il s'en perd une quan-
» tité considérable ; de sorte que sur celles exposées en vente aux halles et marchés, dans le courant du
» mois dernier, on peut évaluer la perte à un quart, etc., etc. » Nous reverrons tous ces abus !

Nous avons exposé la question de la vente sur les marchés et à la criée, sous le point de vue des règle-ments administratifs.

Nous avons fait justice de ce principe de *concurrence*, si mal appliquée à notre commerce.

Et jugez du danger de ces préférences abusives ! Un abus devient un droit pour celui qui en a profité, et par cela même qu'on est sorti pour lui une fois des règles tracées, il se figure qu'il a le droit d'exiger sans cesse de nouvelles faveurs aux dépens de tous les droits acquis. Une concession quelconque n'est jamais pour lui que l'avant-dernière ; c'est ainsi que raisonnent le commerce forain et celui de la criée.

L'enivrement des fauteurs de ce système en est venu à ce point, que, non contents de tous les avan-tages qui leur sont attribués déjà, ils rêvent de nouveaux empiétements, de nouveaux priviléges. « *Qui veut le but, veut les moyens*, disent-ils à l'administration ; vous voulez la vente par les forains et la vente à la criée, ne nous refusez rien. » En conséquence :

Ils demandent que, outre l'abri que la ville a déjà accordé aux marchands des Prouvaires, elle fasse le sacrifice d'une entreprise de transport de viande chez les acheteurs.

Ils demandent, après avoir obtenu la vente quotidienne au lieu de deux ventes par semaine, qu'on éta-blisse deux criées par jour.

Ils demandent que des expéditeurs aient la faculté de remporter avec drawbak, c'est-à-dire avec le remboursement du droit payé, les viandes non vendues.

Ils demandent qu'on enlève aux bouchers de Paris le petit nombre de places qui leur est resté dans les marchés.

Ils demandent qu'on dispense les bouchers forains d'être bouchers, c'est-à-dire d'avoir un étal dans la banlieue.

Ils demandent que ces marchands, qui ne seraient plus des bouchers de banlieue, gardent à perpétuité les places qu'ils n'occupent aujourd'hui que six mois à tour de rôle ; c'est-à-dire qu'on les constitue bou-chers privilégiés de Paris, sans loyer, sans patente, sans frais, sans impôts, sans achats de fonds, logés et servis par l'administration qui transportera leurs marchandises à ses dépens.

Ils demandent enfin que la limitation du nombre des bouchers de Paris soit abolie, ce qui deviendrait bien superflu, après l'adoption des mesures que nous venons d'éumérer, car cette abolition aurait lieu, de fait, par l'introduction sur les marchés d'un nombre illimité de bouchers spéciaux, de nouvelle création, qui se distingueraient des bouchers actuels par l'exemption complète de toutes charges, obligations, dépenses et impositions !

Tout cela, est-ce la concurrence ?

Est-ce le *système nouveau* auquel on fait allusion ?

Oui, il y a un *système* que nous définirons en trois lignes :

On veut élever la boucherie foraine en rivale de la boucherie de Paris ;

L'établissement de Bagnolet en rival des abattoirs et des marchés de Sceaux et autres ;

Et déjà l'on parle d'établir une caisse de crédit près du marché des Prouvaires, rivale de la Caisse de Poissy.

Le *système* de démolition est complet.

Mais en quoi ce remplacement de trois institutions par trois autres profitera-t-il au public ?

On n'en sait rien, on ne s'en inquiète guère.

On aura détruit le passé.

On aura créé des existences nouvelles avec les ruines des existences acquises.

On aura innové, dit-on. Hélas ! non, l'on aura seulement remplacé l'expérience de la boucherie de Paris par l'esprit d'aventure de la boucherie foraine, l'institution impériale des abattoirs par l'établissement privé de M. Châle, et la Caisse générale de Poissy, si rassurante, si secourable pour la production et pour le commerce, par une création étroite et d'un crédit douteux.

C'est contre ce *système* que nous ne cesserons de protester.

Passons à l'examen de quelques détails qui rendront sensibles les inconvénients de ces tentatives. Cet examen pourrait être fort long. Nous nous arrêterons à quelques points culminants. Mais comme dans le cours des délibérations de la Commission, il se présentera plus d'une occasion de citer des faits et des chiffres, nous laissons au représentant naturel de nos intérêts le soin de donner tous les éclaircissements qui pourront être désirés.

Il faut le dire, il faut le reconnaître, tout est vogue et engouement chez nous. Que tel soit, en effet l'entraînement de la population à l'égard de toutes les innovations qu'on lui présente, nous le concevons; c'est une disposition d'esprit qu'on ne peut vaincre que par l'expérience faite des idées qui l'ont séduite et par la preuve acquise des mauvais résultats de cette expérience. On ne fait pas, on ne change pas les mœurs; elles se forment et se réforment elles-mêmes, elles seules ! Mais l'administration publique doit se préserver des inconvénients du caractère national et des passions populaires. Ce n'est pas à elle d'adopter sans examen des utopies, et de les abandonner à leurs dangers, sans contrôle. Telle n'est pas, en effet, l'habitude de l'autorité; elle n'accueille que prudemment les innovations; mais on connaît le zèle toujours maladroit et souvent partial des agents subalternes. Ils guettent les intentions de leurs chefs pour en exagérer la portée. Il suffira pour eux que l'autorité supérieure ait paru incliner dans une question vers tel ou tel intérêt, pour qu'ils se croient obligés de peser ensuite de toute leur importance, de tout leur arbitraire, du côté où le pouvoir a semblé pencher. Alors, au lieu d'une expérience à faire, d'une comparaison à établir, d'une émulation à créer, c'est une hostilité systématique qui se déclare; ce sont des préférences iniques, ce sont des vexations de tous les moments que les sous-ordres organisent avec ardeur.

Ainsi l'administration cherche une concurrence utile aux producteurs de bestiaux et aux consommateurs de viande ; ils traduisent ce louable désir par un cri de *guerre à la boucherie*. Voilà notre histoire, voilà celle des tracasseries (et le mot est trop doux), disons mieux, des injustices que se permettent contre nous les inférieurs avec lesquels nous sommes journellement en contact. L'occasion se présentera de les signaler dans le cours des délibérations qui vont s'ouvrir.

La boucherie de Paris n'épargne rien, dit-on, pour décréditer la vente à la criée. Accusation vague et sans preuve! Que pourrait la malveillance contre des chiffres? La boucherie de Paris abandonne à elle-même une expérience que l'on recommence pour la troisième fois en l'aggravant par un mode nouveau. Après cette troisième épreuve, acceptera-t-on enfin la moralité qui en sortira, comme nous l'acceptons d'avance? Si l'on voit se reproduire les inconvénients qui, déjà deux fois, ont forcé le gouvernement à revenir sur des essais malheureux, renoncera-t-on à remettre sans cesse en question des faits avérés, des droits acquis, des intérêts délicats? Il serait bien désirable, en effet, que les principes de l'approvisionnement de Paris fussent arrêtés une fois pour toutes; que cinq cents familles qui ont engagé leur avoir sur la foi des ordonnances de l'administration, ne vissent pas consommer leur ruine; que l'esprit de concurrence, transporté dans le commerce des denrées nécessaires à l'alimentation publique, n'exposât pas le peuple à ne rencontrer sur le marché qu'une nourriture insalubre ou peu substantielle; enfin qu'il y eût, dans un commerce d'une si haute importance, des règles fixes, des traditions durables, une organisation sérieuse et légale, c'est-à-dire des garanties qui, en donnant une parfaite sécurité aux capitaux et au savoir faire engagés dans la boucherie, contribueraient plus efficacement que toutes les criées et toutes les concurrences à procurer aux classes pauvres le bon marché qu'on cherche pour elles, et aux producteurs le placement avantageux de leur marchandise.

Voyez l'inconséquence, nous n'osons pas dire l'iniquité : on accuse la boucherie de Paris de vendre trop cher, et qu'a-t-on imaginé pour abaisser les prix? On a permis l'introduction des viandes de la banlieue, abattues hors des échaudoirs publics, dépecées, appropriées aux besoins usuels; on a convoqué toutes les viandes des départements de la France; on a préparé pour les débitants de ces viandes des étaux francs, libres de toutes charges.

Et quand on se plaint, en revanche, du haut prix des bestiaux indigènes, quand on propose d'imiter ce système de concurrence en favorisant l'introduction extérieure, il n'y a pas assez de clameurs ni de réprobations contre cette application des mêmes idées à deux industries analogues qui dépendent l'une de l'autre! L'expédient ne serait-il pas aussi opportun pour amener le bas prix de la viande sur pied que de la viande à la main, et le premier résultat n'aiderait-il pas au second? Si la concurrence des bouchers forains et des viandes lointaines doit faire baisser les prix de la boucherie de Paris, est-ce que l'introduction des bestiaux étrangers ne ferait pas baisser le prix des bestiaux français? Et la baisse de prix du bétail sur pied n'amènerait-elle pas la baisse du prix de la viande à la main? Sans doute, dira-t-on; mais ce n'est pas là ce que nous voulons. *Nous voulons que la boucherie achète le bétail cher et vende la viande bon marché.*

Voilà où conduisent les théories absolues! On en reconnaît l'erreur quand on veut en faire l'application.

C'est que, en effet, on s'est proposé un problème difficile, dont les deux termes sont étrangement contradictoires. On a dit aux producteurs que la vente à la criée aurait pour effet de leur faire vendre leurs bestiaux à un prix plus avantageux que sur les marchés de Sceaux et de Poissy. On a dit en même temps aux consommateurs que ce mode de vente aurait pour but et pour résultat de leur procurer de la viande à prix réduit. C'est une double tâche qui offre trop de difficultés. En matière de grains aussi, l'administration se trouve placée entre le cultivateur, qui voudrait vendre son blé plus cher, et le public, qui voudrait payer son pain meilleur marché. De là tant de tâtonnements qui ont jeté plus d'une fois le désordre dans le commerce de la boulangerie. Mais enfin on a trouvé une solution pour ce commerce, d'un côté, par les échelles d'importation et d'exportation qui maintiennent un niveau modéré dans le prix des grains; et de l'autre, par la taxe périodique qui maintient des prix raisonnables chez les boulangers. On a cherché, depuis, des expédients analogues pour le commerce de la boucherie, d'une part en appelant les bestiaux étrangers (question encore pendante), et, d'autre part, en essayant un système de taxe qui a été reconnu impossible pour la viande de boucherie. Maintenant on croit trouver un autre remède dans la *concurrence*, comme si l'accroissement du nombre des marchands était un moyen d'assurer le bas prix de la marchandise.

Erreur de croire que l'illimitation fait le bon marché et que la limitation fait le renchérissement.

Erreur fondamentale, trop accréditée pour n'être pas combattue ardemment, car c'est le contraire qui est vrai.

C'est le grand débit qui permet les petits bénéfices, par conséquent le bon marché de la vente. Nous l'avons vu dans plusieurs genres d'industrie, à Paris même. Cette doctrine s'est résumée en un mot significatif : Le gagne-petit !

Nous avons vu des fortunes sorties du grand magasin de toiles de la rue des Moineaux. (Qu'on nous pardonne la citation d'un détail ; mais il n'y a rien qui prouve mieux un principe qu'un fait, et à travers tant d'autres, celui-là est de notoriété publique.)

Dans le commerce de la boucherie, il y a deux points de vue : l'achat des bestiaux, le débit de la viande. Pour que le consommateur paie la viande bon marché, il faudrait que le débitant n'achetât point le bétail trop cher. Or, voici à quel résultat aboutit la fatale combinaison qu'on a imaginée pour remplacer un jour les marchés de Sceaux et de Poissy, où se vendent les bestiaux sur pied, et les 500 étaux des bouchers de Paris qui détaillent la viande.

On s'est promis d'améliorer pour les producteurs la valeur de leurs produits, et que fait-on ? On supprime les gros acheteurs, qui, par cela même qu'ils avaient une vente assurée et forcée, ne marchandaient pas un approvisionnement indispensable pour eux, et achetaient d'ailleurs par fortes quantités, ce qui était une condition très-favorable pour le producteur, préservé de renvois coûteux et toujours sûr de placer ses expéditions.

On s'est promis ensuite d'assurer un bas prix aux consommateurs, et l'on tend à augmenter le nombre des débitants, qui, ne s'approvisionnant que par petites quantités, sont obligés de faire un bénéfice plus considérable sur une vente d'autant plus limitée pour chacun d'eux, qu'elle est accessible à tous. Il faut de gros profits à qui vend peu ; celui qui vend beaucoup peut se faire *gagne-petit*.

Mais ce qui importe encore plus, c'est la vente régulière, la vente certaine à laquelle on proportionne ses achats, et sur la garantie de laquelle on est préservé de pertes et de déchets qui sont les principales causes de renchérissement. Or, c'est par la limitation du nombre des vendeurs entre qui se partage une clientèle assurée, qu'on peut obtenir cet avantage dont profiteront les consommateurs.

Tandis que si la vente est capricieuse, si les achats sont surabondants, s'il en résulte des avaries et des non-valeurs, il faut bien que le marchand se dédommage sur la marchandise qu'il parvient à débiter, de la perte qu'il éprouve sur celle qui ne trouve pas d'écoulement. Les frais généraux, en toute affaire d'industrie et de commerce, sont les mêmes en cas de grand débit ou de débit restreint, et, pour devenir insensibles sur l'ensemble des ventes, il est nécessaire qu'ils se répartissent sur un plus grand nombre d'articles. Ce sont là des vérités élémentaires qu'on a honte de démontrer. A une époque où l'intelligence commerciale est devenue si étendue, si générale, on ne devrait plus avoir besoin de rappeler ces principes ; ce sont désormais des lieux communs.

Le système de l'administration tourne dans un cercle vicieux. On veut rappeler le producteur par un prix de vente plus élevé ; on veut attirer le consommateur par un prix d'achat réduit. Mais tout ce que l'on fait pour l'un de ces résultats doit contrarier l'autre. On ne peut pas pousser au bas prix de la viande sans abaisser en même temps le prix des bestiaux. On ne peut pas élever le prix du bétail sans faire renchérir le prix de la viande. C'est un niveau forcé. Mais, dit-on, nous supprimons les intermédiaires.

Erreur ! Que les conducteurs amènent le bétail à Sceaux ou à Bagnolet, il faut toujours les payer. Que Sceaux débite les bêtes sur pied et que les abattoirs officiels le mettent à l'état de débit, ou bien que ce soit Bagnolet qui se charge du double rôle de Sceaux et de l'abattoir, c'est toujours un intermédiaire à rémunérer. Que le facteur de la halle à la criée remplace la grosse boucherie; qu'on achète à la cheville sur le marché des Prouvaires au lieu d'acheter dans l'abattoir; que le débit au détail ait lieu dans les étaux des marchés ou dans les étaux de Paris, ce sont toujours les mêmes rouages à peu près; ce sont toujours des mains intermédiaires.

Et il y a un intermédiaire plus inévitable encore que vous ne supprimez pas et que vous oubliez toujours de faire intervenir en ligne de compte : c'est l'impôt, toujours plus exigeant !

Reste la question de la sécurité de l'approvisionnement, qui n'est pas garanti par des vendeurs et acheteurs volontaires, auxquels on ne peut pas imposer une vente fixe et soutenue. Reste encore la question des droits acquis des bouchers de Paris, auxquels on ne peut pas ravir, sans indemnité valable, des établissements créés, cédés, achetés sur la foi des actes du gouvernement. Reste enfin la question de l'alimentation des familles pauvres, trop éloignées pour la plupart du point central de la vente et qui ne trouvent pas au marché la confiance et le crédit dont elles ont souvent besoin dans les jours de maladie où de chômage et que leur accorde toujours le boucher du voisinage, qui les connaît et les assiste.

Aussi, qu'a-t-on obtenu jusqu'à présent ? A force de protections, d'efforts, de soins de toute espèce, la vente à la criée, véritable cheville des marchés et de quelques bouchers, suffit à peine à un vingt-cinquième de la consommation de Paris; et c'est pour un tel résultat qu'on bouleverse des industries, qu'on ruine des familles, qu'on met en question l'approvisionnement de la capitale, peut-être aussi la santé des consommateurs, et que l'on viole des ordonnances sacrées !

Non, il n'est pas vrai que la vente à la criée ait procuré aux producteurs des avantages réels par le rendement plus exact des bestiaux qu'ils ont envoyés sur le marché, car le personnel des expéditeurs a changé plusieurs fois depuis l'ouverture de la criée, et il change chaque jour, ce qui prouve que les premiers s'en sont dégoûtés, et que tous, après une épreuve faite, renoncent tour à tour à ces expéditions. Que l'on consulte à cet égard les registres du facteur, on y trouvera la preuve de ces revirements. Au reste, une pétition des principaux producteurs éclairera bientôt l'administration sur cette partie de la question.

Il n'est pas vrai que les bouchers détaillants qui se fournissaient à la cheville aux abattoirs préfèrent la cheville de la criée; car si elle leur a offert quelquefois une réduction de prix, elle ne peut pas toujours leur fournir les quantités et les qualités dont ils ont besoin pour leur étal, ni surtout la garantie de salubrité si indispensable à leur clientèle. En effet, à mesure que le chiffre de la criée augmente (et cette augmentation résulte beaucoup plus du manque de vente dans les étaux de la ville que d'un accroissement de consommation), le nombre des procès-verbaux de saisie de viande insalubre augmente dans une proportion effrayante (1). Les abattoirs offrent donc à la fois aux détaillants plus de sécurité et plus de facilités. Aussi les bouchers éloignés du centre de la criée n'ont-ils trouvé aucun avantage à venir s'approvisionner sur le marché des Prouvaires, et ils ont dû continuer leur commerce sur les anciens errements.

Quant aux consommateurs des classes populaires qu'on avait en vue principalement dans ces innovations, la criée ne s'adresse pas à eux, puisqu'elle ne vend qu'en gros et demi-gros; quant aux bouchers forains, la plupart d'entre eux conservent leur basse viande pour leurs étaux et n'apportent que les morceaux de choix qu'ils vendent en demi-gros aux bouchers de Paris. Ce sont les bouchers de Paris, seuls, qui ont envoyé presque toujours de basses viandes dans le petit nombre d'étaux qu'on leur

(1) Chose remarquable, c'est sur les premiers promoteurs de la vente à la criée que l'on a saisi, dès l'ouverture de ce marché, des viandes insalubres : une vache envoyée par M. Bella, directeur de la ferme de Grignon, qui avait demandé avec instance l'admission des viandes envoyées des départements ; 7 moutons appartenant à M. Châle, fondateur et directeur de l'établissement de Bagnolet; d'autres sur quelques éleveurs, et sur un boucher de Versailles, etc., etc. Nous avons demandé des enquêtes qu'on nous a refusées.

En 1849, il avait été saisi sur les marchés 19,144 kil. de viandes insalubres; en 1850, pour les 10 premiers seulement, les saisies s'élèvent déjà à 26,240 kil.

a réservés sur le marché, et, loin de leur en faire un reproche, on devrait les en remercier, puisqu'ils favorisaient ainsi l'intention de l'autorité en offrant aux petits acheteurs de la viande à leur portée, tandis que le forain gardait ses bas morceaux pour ses clients extérieurs. Répétons que le pauvre qui déserte le boucher de son quartier pour les étaux du marché, n'a pas l'avantage de trouver là le crédit qui lui est quelquefois nécessaire. Or, nous ne pensons pas qu'on ait voulu organiser la vente au rabais pour les consommateurs aisés.

L'occasion se présente de placer ici une remarque essentielle, c'est que les réclamations adressées à l'autorité contre le prix trop élevé de la viande, dans les boucheries parisiennes, sont toujours émanées des consommateurs qui prélèvent la haute viande dans les prix de 60 à 75 centimes, jamais du petit acheteur qui trouve toujours à sa disposition de bonne viande dans les prix de 35 à 50 c. Mais telles sont les préventions réelles ou factices que l'on a conçues et que l'on suscite contre la boucherie de Paris, qu'on lui impute à tort tout ce qu'elle fait, dans les sens les plus opposés.

Découragée par la concurrence privilégiée des forains, si elle ne vient pas au marché, on crie à la coalition (1) !

Si elle y apporte, un autre jour, de la viande accessible au pauvre qu'on avait, dit-on, l'intention de servir, on l'accuse de vouloir décréditer le marché. La tactique de nos adversaires est aussi changeante qu'infatigable. Heureusement la vérité ne change pas.

Un mot sur le factorat créé pour le marché des Prouvaires.

Voilà d'abord un intermédiaire de plus dans le commerce de la viande; et cette entremise n'est pas économique; croyez-en le nouveau facteur lui-même qui, dès son installation, a pris soin d'adresser à tous les éleveurs et expéditeurs une circulaire que nous avons sous les yeux, et qui ne dissimule rien du caractère de son intervention.

Ses offres, ses promesses, paraissent peu conformes aux idées et aux espérances de bon marché qui avaient présidé à l'institution de la criée.

« Il est constaté maintenant, écrit-il, que les prix que nous avons obtenus à notre vente ont toujours » été supérieurs d'un ou deux francs à ceux vendus par les marchands à la cheville des abattoirs. »

Cela est fort bien pour les éleveurs, si l'assertion est exacte. Mais nous demanderons toujours comment on peut arriver au bon marché de la viande en détail, par le renchérissement de la viande sur pied.

Et qu'on ne parle pas de la suppression des rouages intermédiaires, puisqu'on ne fait que les remplacer sous d'autres noms.

Mais voici la même pensée reproduite plus clairement :

« N'ayant que 1 0/0 d'honoraires sur le produit brut de la vente, mon intérêt vous est un sûr garant » que je chercherai toujours à vendre le plus cher possible, mon bénéfice augmentant avec le vôtre. »

Assurément, ce ne sont point là des garanties de bon marché pour le détail.

Le facteur se charge en outre d'avancer le droit d'octroi pour le compte des expéditeurs, et l'on sait qu'il n'y a pas de service gratuit en commerce. Il leur remet l'argent des ventes, de suite, *s'ils le désirent*, ce sont les expressions de la circulaire. Est-ce que la Caisse de Poissy n'offre pas autant de garanties, et dans tous les cas, plus de célérité aux expéditeurs ?

Encore une fois, sont-ce là les expédients imaginés pour amener le bas prix de la viande? Est-ce que les charges qui pèsent sur la marchandise en gros ne grèvent pas le débit au détail? Les fermiers à blé et la meunerie seraient bien heureux d'apprendre, à leur tour, qu'on a découvert le moyen de faire vendre la farine très-cher et le pain très-bon marché.

Quoi qu'on en dise, c'est un problème qu'on ne résoudra jamais, pas plus en boucherie qu'en boulangerie.

(¹) Le découragement fait des progrès. Les derniers marchés de Sceaux et de Poissy prouvent que la boucherie achète peu. Et l'approvisionnement de Paris n'a cependant pas d'autre garantie.

Il n'y a pas de petits détails en affaires; relevons quelques erreurs et rétablissons quelques faits. En réduisant à leur valeur les objections qu'on nous oppose, nous aurons, mieux que par des raisonnements, prouvé la partialité qui anime nos contradicteurs, disons plus, nos adversaires.

On a prétendu que, après la révolution de Février, malgré la suppression transitoire du droit d'octroi de 4 centimes par 1/2 kilo, le prix de la viande n'avait pas diminué dans les étaux de bouchers.

Encore une assertion fausse, mise en avant par les promoteurs de ce que l'on nomme *le système nou-veau*. Les prix ont baissé de 5 à 10 centimes selon les qualités. L'administration a dû faire une enquête à ce sujet; nous le savons, puisque nous avons été appelés, les uns et les autres, chez les commissaires de police de nos quartiers respectifs, et ces magistrats ont reconnu et ont dû constater, d'après les communications que nous leur fîmes de nos livres-factures, que cette diminution, qui excédait le chiffre supprimé de l'octroi, avait eu lieu dans tous les étaux. Les commissaires de police ont dû rendre compte à l'autorité des résultats de cette enquête, et certifier cette diminution. Nous demandons que leurs rapports soient mis sous les yeux de MM. les commissaires. Et cette diminution même aurait été plus considérable si, d'un côté, l'exil de l'armée ne nous avait privés d'une forte clientèle, et de l'autre, si la détresse des affaires industrielles et commerciales n'avait pas amené, en même temps, dans le cours des cuirs et des suifs une dépréciation de 20 fr. environ, qui retombait sur la boucherie.

Dans l'intention préméditée (qui est devenue une passion chronique pour certains agents) d'exagérer les résultats du *nouveau système*, en dépréciant les conditions de notre commerce, on a grossi les chiffres statistiques par un moyen qu'on croyait ingénieux, mais qui ne pouvait faire illusion qu'à des hommes inexpérimentés. Ainsi, l'on totalisait les ventes à la criée; puis on additionnait les produits de la vente foraine dans les marchés à la viande, et l'on tirait de ces chiffres réunis de beaux arguments à l'appui de la progression d'une concurrence triomphante. Il a fallu que les chefs de service prissent la peine de redresser les calculs erronés de leurs agents, et de leur démontrer qu'ils faisaient double emploi, en comptant à la fois les quantités en demi-gros vendues à la criée et les quantités revendues en détail par les étaliers des marchés qui les tiennent de la criée elle-même. De telles erreurs prouvent, de la part de ceux qui les commettent, plus que de l'ignorance et de la partialité; nous n'achevons pas notre pensée.

Quant à l'importance du rabais produit par la vente à la criée, sur le prix de la viande vendue par les étaux qui se fournissent chez elle, les agents de l'administration ne l'évaluent eux-mêmes qu'à 2 cent. par kilogramme, de 1848 à 1849. Il n'y a point là de quoi se récrier: un centime par livre! et il n'en sera pas même toujours ainsi. C'est ce qu'un journal qui s'est constitué le défenseur spécial des intérêts de l'agriculture (l'*Echo agricole*) déclarait fort nettement, le 29 septembre : « Le *Constitutionnel*, disait-il, » quoique grand docteur aujourd'hui, s'est trompé en disant que la vente à la criée ferait baisser le prix » de la viande! »

Quel aveu! et combien il prouve que le but principal de l'administration est manqué!

S'agit-il, au contraire, de faire surhausser le prix du bétail? Mais ce sont les éleveurs eux-mêmes qui se plaignent d'avoir été déçus dans leur espoir.

L'abaissement du prix de la viande, qui s'est fait un peu sentir depuis quelque temps, ne tient pas aux ventes quotidiennes des marchés et de la vente à la criée. Il résulte du bas prix des achats sur les marchés de Sceaux et de Poissy, par suite même du ralentissement de débit, qui décourage la boucherie légale; il résulte encore de l'abondance des dernières années; il résulte enfin de la lenteur des affaires générales et du resserrement des capitaux, qui agit sur toutes les marchandises.

La criée, qui agira peu sur les prix, de l'aveu même du journal que nous venons de citer, et dont le patronage est naturellement acquis à l'établissement de Bagnolet, agira-t-elle sur les qualités?

Tout au contraire.

On aura beau employer un artifice qui devrait être réprimé par les inspecteurs, celui de crier au poids des demi-vaches, en les annonçant comme des demi-bœufs, on ne dénaturera pas, pour les acquéreurs sérieux, la nature des lots ; c'est une fiction qui ne peut tromper que des acheteurs ignorants, faisant partie de ces classes pauvres pour lesquelles on voulait faire tant de prodiges ! Les vaches et les bestiaux maigres abondent à la criée. On y débite avec un grand sang-froid, à 10 c. le kilogramme, des moutons sans chair, sans graisse, connus sous le nom de *moutons usés*, qui n'étaient vendus autrefois que pour le cuir, et dont la chair n'entrait pas dans la consommation. Les saisies de viandes insalubres augmentent, nous le disons ailleurs, avec l'augmentation de la criée elle-même ; et le mal serait plus grave encore sans nos réclamations de chaque jour et de tout instant. Qu'on aille vérifier, dans les casernes, le résultat des achats à la criée : 48 livres de cette viande font de plus mauvaise soupe que 40 livres fournies par la boucherie parisienne.

Autre tactique. Après avoir renversé l'ancienne proportion du partage des places de marchés entre les forains et les bouchers de Paris, en attribuant aux premiers la plus grande partie de ces places, on tend aujourd'hui à nous exclure totalement et à dispenser même les bouchers forains d'occuper un étal dans la banlieue. C'est la substitution complète d'une boucherie nouvelle, toute gratuite, à l'ancienne boucherie, constituée à titre si onéreux. En attendant même, ou plutôt sans attendre cette spoliation, les abus les plus graves, les contraventions les plus flagrantes ont lieu, tant par suite de ventes illicites de places, que par l'insolvabilité des substitués, qui méconnaissent les engagements pris par le substituant ; de sorte que ni le producteur, ni le consommateur ne trouvent, l'un, les garanties, l'autre, le bon marché et les bonnes qualités qu'on doit attendre d'un commerce régulier. Or, comment des spéculations si abusives pourraient-elles procurer les résultats poursuivis par l'administration ?

Ni pour l'éleveur, ni pour le peuple, ni surtout pour l'approvisionnement de Paris, on n'atteindra le but proposé. Quelques mots seulement sur cette dernière question.

Lorsque la concurrence des marchés aura dégoûté et presque ruiné les bouchers de Paris, ceux-ci réduiront leurs achats, comme leur débit. On n'en éprouvera pas d'inconvénients, tant que durera l'abondance. Mais qu'une crise survienne ; que le haut prix ne permette plus aux forains d'apporter de la viande à bas prix sur le marché ; que l'émeute intercepte les chemins de fer et les arrivages à la criée ; que la banlieue, en désordre, pille ses étaux : le marché des Prouvaires sera déserté, et les consommateurs se rejeteront sur les étaux de Paris, qu'ils trouveront dégarnis de marchandises suffisantes. Ceci n'est pas une prévision seulement, c'est un souvenir. En juin 1848, Paris a risqué de manquer de viande par suite des désordres extérieurs.

L'intervention de la banlieue est libre et capricieuse comme la liberté ! Durant les jours d'abondance, il n'y a pas de mesure dans les envois ; aux jours de détresse, il n'y aura ni régularité, ni sécurité ; il y aura disette. Nous avons déjà remarqué depuis quelques mois, même en pleine paix, des intermittences d'approvisionnement qui n'offrent aucune garantie à l'administration ni aux consommateurs. Ces intermittences étaient causées, soit par les ardeurs de la saison, qui rendent difficiles les envois lointains et la resserre des viandes abattues ; soit par le découragement des premiers expéditeurs, qui ont depuis cédé la place à de nouveaux venus. Nous le répétons, qu'on relève les noms des éleveurs qui se sont montrés dans l'origine les plus favorables aux ventes à la criée, on verra qu'ils ont cessé leurs envois, et que ce sont d'autres expéditeurs qui leur succèdent aujourd'hui, comme d'autres leur succéderont plus tard.

Les partisans de la criée ont voulu s'adresser à l'intérêt des bouchers eux-mêmes, et leur prouver qu'il y aurait avantage pour eux à se fournir de viande à ce marché. On a calculé que le prix moyen de la viande sur les marchés de Sceaux et de Poissy était de 98 c. le kilogramme, tandis qu'il n'était que de 91 c. à la criée. C'est donc une différence de 7 c., qui permettrait, dit-on, aux bouchers détaillants de Paris d'abaisser leurs prix, en s'évitant, d'un autre côté, les faux frais et les pertes que leur occasionnent les voyages à Sceaux et la difficulté de garder à bon point, et sans déchet, les bestiaux achetés. En effet, d'une part, ils s'épargneraient les dépenses d'un déplacement deux fois par semaine, et, de l'autre, ils n'achèteraient de la viande abattue qu'à mesure des besoins de leur débit. Le calcul est séduisant ; mais il renferme une illusion.

Et d'abord, il faut se défier des moyennes que l'on dégage d'un rapprochement de chiffres trop souvent combinés avec effort, et d'une nature si diverse, qu'il n'est pas raisonnable d'en tirer une conclusion exacte. C'est à l'aide de prétendues moyennes que la statistique s'égare et trompe l'économie politique. Ensuite, comment espérer que la vente à la criée puisse jamais alimenter la consommation journalière de Paris ! Si Paris dévore en un mois, plus de quatre millions de kilogrammes de viande, comment croire que les viandes abattues, qui doivent être débitées dans les trente-six heures, arrivent en assez grande quantité pour suffire à l'approvisionnement des étaux ? On vend aujourd'hui à la criée 7,000 kilog. par jour : qu'est-ce que cette minime quantité dans le total de la consommation ? Comment croire que Bagnolet et ses succursales, et le marché des Prouvaires, même avec deux crieurs, puissent remplacer Sceaux et Poissy, les cinq abattoirs, et la totalité des opérations en gros de la boucherie parisienne ?

C'est là tout au plus une fiction, si ce n'est une plaisanterie. Renfermer sous l'abri de la criée, autour d'un facteur, l'ensemble et l'importance des grands marchés d'approvisionnement, des vastes abattoirs, de cinq cents étaux de boucherie, c'est une œuvre impossible ; nous renonçons à le prouver. Nous avons vu ce facteur unique réduit à s'adjuger des viandes dont il ne trouvait pas le placement. C'était, osait-on dire, par suite de la coalition des bouchers. Et comment ? et pourquoi ? Comment pouvaient-ils empêcher la concurrence des acheteurs empressés de saisir l'occasion d'acheter de bonne marchandise à bas prix ? Pourquoi n'auraient-ils pas profité eux-mêmes, comme on les y invite, de cette occasion favorable s'il y avait en effet un bon marché et de bonnes qualités ?

En désespoir de cause, qu'essaie-t-on d'opposer aux réclamations du syndicat de la boucherie ? Quelques protestations isolées d'un petit nombre de bouchers qu'on excite contre leurs défenseurs naturels, contre leurs véritables intérêts. On crie à la coalition de la majorité, et on veut susciter une coalition de la minorité. Ce sont là de tristes manœuvres. Le syndicat, organe de la boucherie parisienne, comprend ses devoirs aussi bien que ses droits, et il ne les excède pas. Le syndicat ne redoute pas les oppositions qu'on cherche à exciter. Elles céderont bien vite devant les explications sincères qu'il est toujours prêt à donner à tous les membres du commerce de la boucherie, et surtout devant la preuve acquise des intentions suspectes des hommes qui soulèvent ces défiances.

Il est faux, d'ailleurs, que l'ancienne corporation des bouchers ait échoué jamais (comme on l'a dit) devant la justice administrative ou commerciale ou civile, dans les réclamations qu'elle a pu soumettre à ces trois juridictions pour la défense de ses intérêts. Au contraire, on a toujours accueilli ses plaintes, parce qu'elles étaient toujours fondées, toujours modérées. C'est ainsi que l'organisation de la boucherie a surmonté les effets de la loi de 1791, les effets de l'ordonnance de 1825. Les questions de légalité et d'équité que le syndicat soulève aujourd'hui ne seront pas moins bien étudiées, moins bien accueillies. Constitué lui-même par des actes souverains, il a un mandat suffisant pour poser des conclusions de droit. Quant aux questions de simple équité, qu'on n'oublie pas que des sommes considérables ont été dépensées par la boucherie pour réduire, d'accord avec l'administration, les étaux de Paris à un nombre déterminé. Or, si au mépris de ces sacrifices et de tant d'autres qui lui sont imposés par les règlements, on compromet une possession si chèrement acquise par des usurpations spoliatrices, son syndicat n'a-t-il pas le droit de combattre par tous les moyens au système qui ne tend à rien moins qu'à ruiner la corporation, en violant des garanties légales qui la protègent ? Il y des juges à Paris !

Encore un mot, un chiffre décisif : ce plus bas prix que l'on recherche tant, ce n'est pas après l'ordonnance d'illimitation de 1825 qu'on l'a obtenu ; c'est en 1822, à une date où le nombre des bouchers de Paris était limité à 370.

Maintenant, au point de vue économique, examinons en peu de mots la théorie de la criée appliquée à la vente de la viande.

Beaucoup de sophismes, et surtout de comparaisons fausses, ont été appelés au secours de cette théorie.

A bout d'arguments, les premiers promoteurs de la vente à la criée avaient imaginé de la faire valoir sous le rapport moral ; car, selon eux, la vente à l'amiable et à prix débattu n'est qu'un vol déguisé. On prévoit d'avance la portée de cette étrange assertion, applicable à toute espèce de marchandises ; c'est une accusation en masse contre tout le commerce.

Mettez donc toutes les marchandises à la criée ! On en a vu les tristes effets dans certaines natures d'affaires ! Les municipalités ont été obligées, sur presque tous les points de la France, d'exclure ces crieurs nomades qui apportaient dans les villes des départements toutes les marchandises de rebut, et qui séduisaient les acheteurs confiants sous le prétexte d'un rabais considérable.

Revenons à la boucherie.

D'abord, ce n'est pas encore un fait établi que le bon marché de la criée à qualités égales, c'est un point à examiner.

C'est l'exemple des autres halles et marchés qui a donné l'idée de l'application du système de la criée à la vente des viandes de boucherie.

Mais est-il vrai que ce mode de vente puisse être indifféremment appliqué à toutes les denrées, à tous les comestibles ?

La marée a toujours été vendue à la criée, pourquoi ? Parce qu'elle est envoyée à Paris dans des paniers d'égale dimension ; parce que chaque chaque panier contient le même nombre de merlans, de maquereaux, de harengs, etc. ; parce que tous ces poissons sont de la même grosseur et de la même qualité, ayant été pêchés le même jour, du même coup de filet. Les premiers paniers ayant été versés, la qualité desdits poissons est aussitôt reconnue et le cours établi ; la vente marche ensuite sans aucune difficulté. Le mode de la criée était donc facile à appliquer à la vente de ce comestible. Nous dirons plus, il était le seul qui ui convint ; la vente de gré à gré n'eût pas été praticable avec les femmes qui l'achètent pour le détailler ; chacun connaît leur caractère difficile ; toute la force de l'administration suffit à peine pour les contenir ; comment dix à douze mareyeurs y seraient-ils parvenus ?

Les beurres arrivent en mottes et en livres dans des mannes ; les premiers sont d'Isigny et de Gournay ; les autres sont apportés des départements les plus voisins de Paris. Ceux en mottes sont pesés à mesure de leur arrivée à la halle, et leur poids est inscrit aussitôt sur les linges qui recouvrent chaque motte, avec les noms des forains qui les ont envoyés : ceux en livres sont comptés et la quantité est garantie à l'acheteur. Après ces opérations, la vente s'ouvre, et le cours s'établit sur les qualités qui ont été reconnues à la dégustation et qui ne varient que fort peu dans chaque classe de ces beurres.

Le mode de la criée était donc encore convenable à la vente de cette denrée. Mais pourquoi ce même mode n'a-t-il pas été essayé, pas même sollicité, pour la vente des œufs qui est faite dans la même halle et par les mêmes facteurs ? Il faut bien croire qu'il ne lui serait pas favorable, qu'il lui serait au contraire funeste. En effet, les œufs, qui diffèrent de grosseur, qui sont tachés, souvent pourris, qui par conséquent ont besoin d'être vus, d'être mirés, comment les vendre à la criée ?

Donnerait-on à chaque acheteur le temps de les visiter ? Il faudrait alors autant de facteurs que de paniers et la vente serait éternelle. Les vendrait-on sans examen ? Ce serait une source d'abus et de mécontentements. Une pareille mesure ne serait pas exécutable.

Non, certes, la vente à la criée n'est pas susceptible d'être appliquée à tous les commerces. On a vendu des farines à la criée, mais on y a renoncé. Un spéculateur a voulu l'introduire dans le marché à porcs de Saint-Germain ; pendant trois mois environ, il y a conduit des porcs pour son compte, il les a vendus à la criée ; eh bien, il a perdu à cette vente 1,500 francs, et s'est retiré. Elle n'est donc pas avantageuse non plus à ce commerce.

Voudrait-on l'introduire dans les marchés à bestiaux ? Combien d'obstacles plus grands nous apparaissent! On vend sur ces marchés veaux, bœufs et moutons. La vente des veaux doit être faite de 7 à 8 heures du matin au marché de Poissy, et de 8 à 9 heures au marché de Sceaux ; celle des bœufs de 8 à 9 heures au marché de Poissy, et de 9 à 3 heures au marché de Sceaux ; la vente des moutons est ouverte à midi, et fermée à 4 heures, dans l'un et l'autre. On vend dans ces marchés, et en 9 heures de temps, jusqu'à 1,000 veaux, 2,000 bœufs et 12,000 moutons, parce que cinq ou six cents bouchers, y étant répartis, font cinq ou six cents acquisitions au même moment.

Si donc on voulait vendre ces animaux à la criée, il faudrait forcément les vendre un à un, pour que chaque boucher pût acheter ceux qui lui conviendraient. Or, ne faudrait-il que cinq minutes pour apporter un veau à la vente, pour le mettre à prix, recevoir les enchères, et l'adjuger, on ne vendrait encore que douze veaux à l'heure, et ainsi des bœufs et des moutons. Cette opération serait-elle praticable? Mais, nous répondra-t-on sans doute, on établirait plusieurs ventes. Soit; calculez, dans ce cas, le nombre qui en serait nécessaire. Et puis croirait-on que les bouchers, qui, en général, restent souvent une heure et plus auprès d'un bœuf, qui l'examinent en tous sens, qui manient à plusieurs reprises toutes les parties de son corps, qui ne l'achètent enfin que lorsqu'ils se sont rendu compte du poids de la viande, de celui du suif et du cuir qu'il leur donnera, croirait-on qu'ils se décideraient à acheter au premier coup d'œil, en un mot au hasard?

Enfin, au marché aux chevaux, il y a aussi une vente aux enchères. Combien y vend-on de chevaux ? 100 à 150 par an, et ce sont des chevaux provenant de saisie ou de successsion. Les marchands n'y en vendent pas un seul. Pourquoi? parce que s'ils exposaient leurs chevaux à l'enchère, ils se trouveraient souvent forcés de les abandonner au-dessous de leur valeur, ou de s'en rendre adjudicataires, ce qui les obligerait à un droit de vente ; tandis qu'à la vente à prix débattu, lorsqu'ils n'en trouvent pas le prix qu'ils veulent, ils en sont quittes pour les faire rentrer chez eux, ce qui ne leur coûte aucuns frais.

La théorie de la criée n'est pas plus applicable à la vente des bestiaux sur pied, et de la viande abattue qu'aux différents genres de commerce que nous venons d'indiquer ; l'expérience le prouvera.

En résumé :

Dans quel intérêt a-t-on conçu et favorise-t-on de toutes les manières la vente sur les marchés et la vente à la criée?

Est-ce dans l'intérêt des herbagers ? Les plus expérimentés reconnaissent qu'ils se sont trompés en provoquant d'abord l'ordonnance de 1825, et ensuite la vente à la criée ; et ils réclament eux-mêmes aujourd'hui une forte organisation pour la boucherie de Paris.

Est-ce dans l'intérêt des consommateurs? On ne devait vendre qu'au détail dans les marchés, et la plupart du temps on n'y vend qu'en demi-gros. Les consommateurs n'en profitent donc pas. Les ordonnances ont voulu supprimer le commerce à la cheville, parce qu'elles ne voulaient que des bouchers sérieux et solvables, qui offrissent toute garantie à l'approvisionnement de Paris. Or, la criée n'est que l'organisation de la cheville, et comme elle vend au hasard, comme les vendeurs et les acheteurs changent sans cesse, où est la garantie ?

Est-ce dans l'intérêt de l'approvisionnement de Paris? Mais cet approvisionnement ne peut être garanti que par un commerce garanti lui-même dans ses opérations ; par un commerce qui a intérêt à s'approvisionner, parce qu'il est sûr d'un débit égal et soutenu; enfin par un commerce à qui l'autorité a le droit d'imposer une vente régulière.

Est-ce dans l'intérêt du bas prix sur la viande ? Les bas morceaux des forains restent dans leurs étaux de la banlieue. Les pauvres de Paris n'y gagnent donc rien ; et la réduction légère qu'ils offrent aux consommateurs pour les morceaux de choix ne résulte que des immunités et des dispenses de frais qu'on leur assure au détriment des bouchers de Paris, à qui on a imposé tant de sacrifices. Est-ce juste ? Est-ce soutenable ?

Est-ce enfin dans l'intérêt de la salubrité ? Mais le transport, souvent lointain, de viandes abattues, le passage à travers tant de mains, dans toutes les saisons, sous toutes les influences atmosphériques, n'est-il pas dangereux ? Nous le répétons, les saisies pour cause d'insalubrité deviennent innombrables ; et on a vu la criée se ralentir beaucoup en juin et juillet, et s'interrompre en quelque sorte durant quinze jours. Or, pouvait-on forcer les bouchers de Paris à augmenter leurs provisions, selon les caprices de la criée, quand on leur avait enlevé une partie de leur clientèle? Qu'on juge des inconvénients de cette intermittence, dans les jours de crise? La criée est libre; les envois ne sont soumis à aucune régularité obligée. Quelle sécurité a-t-on désormais pour l'approvisionnement de Paris?

On le voit, les intentions et les actes, les théories et les faits, les mesures prises et les résultats obtenus, sont en contradiction perpétuelle et permanente. On n'atteint pas le but que l'on se proposait, on risque des effets qu'on ne pouvait que redouter

Nous avons exposé les faits, rétabli la légalité, défini la concurrence, révélé les abus, détrôné la théorie; nous réservons pour la fin de ce mémoire les conclusions qu'il est temps d'opposer à tant de prétentions exagérées, désastreuses pour tous les intérêts.

CHAPITRE XV.

FRAIS COMPARÉS DES BOUCHERS DE PARIS ET DES BOUCHERS FORAINS. OBLIGATIONS ET AVANTAGES DES UNS ET DES AUTRES.

Au fond du système qui s'attaque à nos existences, à nos droits acquis, se trouve le prétexte de la concurrence.

Au fond de nos griefs et de nos plaintes se trouve le sentiment pénible d'une injustice.

Non, ce n'est point une concurrence qu'on a établie ; ce sont des priviléges que l'on crée aux dépens des garanties que la loi nous assurait, aux dépens de nos fortunes, dont on a disposé.

Nous allons le prouver par des faits, par des chiffres.

Commençons par exposer les obligations qui nous sont imposées par les ordonnances que l'on maintient avec rigueur et que nous observons religieusement, malgré le mépris que l'autorité fait trop souvent des dispositions de ces règlements qui nous seraient favorables.

Voici ces obligations, qui ne frappent que la boucherie de Paris, et dont la boucherie foraine se trouve complétement exonérée.

Il nous est enjoint :

D'obtenir du préfet de police une autorisation pour exercer la profession de boucher ;

(Cette obligation est un obstacle à la vente et la libre transmission des étaux, puisqu'elle restreint d'une manière notable le nombre des personnes qui peuvent en faire l'achat ;)

De faire agréer le local sous des conditions de convenances spéciales , qui élèvent considérablement le prix du loyer ;

De ne pouvoir posséder qu'un seul étal , et de ne le quitter qu'après l'expiration d'une année, à dater du jour de la déclaration de vente ;

De le tenir toujours garni de toutes espèces de viandes, quelles que soient la rareté et la cherté , à peine de fermeture pendant six mois , en cas de cessation de cet approvisionnement pendant trois jours consécutifs ;

De n'acheter qu'aux marchés de Sceaux et de Poissy (ce qui nécessite des voyages continuels, des frais et des dépenses fort considérables) ;

D'exclure les issues des bestiaux dans les pesées de vente au public ;

De ne faire les acquisitions qu'au comptant, et d'en verser le montant à la Caisse de Poissy ;

De fournir un cautionnement dont l'intérêt n'est point applicable aux affaires privées de celui qui le fournit ;

D'abattre les bestiaux et de fondre les suifs dans des établissements éloignés, d'acquitter les droits, les charges de transport qu'entraine cette obligation ;

De nous faire représenter légalement par un syndicat ;

Enfin , de payer les inspecteurs de marchés nommés par l'autorité, et qui, sous prétexte de leurs devoirs envers le magistrat qui les nomme , se dispensent de remplir ceux que les ordonnances leur imposent envers la boucherie qui les paie.

Toutes ces obligations n'étaient rachetées que par la limitation du nombre des bouchers dans Paris, et par le privilége qui en résultait pour eux d'être les seuls qui , en principe , eussent le droit de vendre dans l'intérieur de la ville.

On supprime aujourd'hui cette compensation ; on laisse peser toutes les servitudes.

Et l'on élève en permanence , à côté de nos étaux , des marchés où viennent trafiquer des bouchers de l'extérieur , sur lesquels ne pèse aucune (entendez bien, *aucune*) de ces charges.

— 91 —

Est-ce croyable ? Et cependant nous ne faisons qu'exposer sincèrement les faits. Et l'on appelle cela de la concurrence !

Passons aux chiffres.

Comparez les frais de manutention des bouchers de Paris avec ceux des bouchers du dehors. Nous aiderons à cette comparaison par le tableau suivant :

FRAIS DE MANUTENTION	DU BOUCHER DE PARIS		DU BOUCHER FORAIN	
		fr. c.		fr. c.
Loyer	Étal, Logement } *Maximum*	1,800 »	Étal, Logement, Bergerie, Échaudoir, Fondoir } *Maximum*	800 »
Droit proportionnel sur le loyer		180 »		80 »
Patente		75 »		25 »
Service, prix moyen	Des employés à l'abattoir ... 40 ; D'un étalier à 25 fr. la semaine ; D'un 1er garçon à id., profits compris ; D'un 2e garçon à 7 fr. la semaine ; D'une domestique à 5 fr. id }	3,224 »	D'un 1er garçon à 20 fr. la semaine, profits compris ; D'un 2e garçon à 10 fr. la semaine ; D'une domestique à 3 fr. id }	1,746 »
Nourriture	De la famille, 4 personnes, et 8 personnes à 1 fr., 75 c. par tête et Des 4 domestiques, par jour }	5,110 »	De la famille, 4 personnes, et 7 personnes à 1 f., 25 c. par tête et Des 3 domestiques, par jour }	193 75
Frais divers	Voyages à Sceaux et à Poissy ; Amenage des bestiaux ; Frais d'abattoir, échaudoir ; Transport des viandes à la boutique, etc., etc. } *Minim.* 4,000 »		Néant. — Le forain peut acheter où il veut et abattre chez lui.	
Fonte des suifs	A 3 fr. les 100 kilos ... Mémoire. » »		Néant. — Le forain peut fondre chez lui.	
Total	... 14,429 » Sauf mémoire.		... 5,814 75	

Il résulte de ce *tableau* que les frais forcés du boucher de Paris s'élèvent à 14,428 fr., et ceux du boucher forain à 5,814 fr. seulement ; la différence au préjudice du premier est donc de 8,614 fr.

Maintenant, en supposant un débit de 55,000 kil. de viande par année, ces frais de manutention se répartiront ainsi : 26 cent. par kil. pour le boucher de Paris ; 10 cent. pour le boucher forain (nous supprimons les millièmes). Le kilogramme de viande est donc surchargé, pour le boucher de Paris, de près de 16 cent. de frais de plus que pour le boucher forain. Que serait-ce, si nous ajoutions à ce chiffre celui des dépenses de tout genre qui résultent des obligations que nous avons énumérées plus haut, et qui augmentent d'autant, pour le boucher de la ville, le prix de revient de la viande ?

Ce n'était pas assez d'avoir consacré toutes ces inégalités et illégalités ; on a poussé les conséquences du système jusqu'au privilége.

Autrefois les forains ne pouvaient vendre, dans Paris, que deux jours par semaine ; depuis 1848, le marché est permanent ; ils vendent tous les jours, comme les bouchers de Paris.

Autrefois ceux-ci avaient dans le marché 72 places, et les forains 24 ; aujourd'hui les forains en ont 120, et nous n'en avons que 40.

Autrefois ces places étaient attribuées aux uns et aux autres, pour une durée proportionnelle ; aujourd'hui les forains peuvent en jouir durant six mois, et les bouchers de Paris ne peuvent les conserver que deux mois.

Est-ce encore là ce qu'on nomme la concurrence ?

Mais cette prétendue concurrence, inventée dans l'intérêt des consommateurs (disait-on), leur profite-t-elle réellement ?

Il faut connaître bien peu les habitudes de Paris pour le croire.

Que peuvent, pour le public, trois ou quatre marchés épars sur l'immense surface de la capitale, alors que 500 étaux sont répartis dans les 48 quartiers, à la portée des acheteurs ? Ils ne peuvent que faire du tort aux marchands qui les avoisinent, sans profiter à la consommation générale. Le boucher forain ne débite aux particuliers qu'une très-faible partie de la viande qu'il apporte dans Paris, le dixième environ ; c'est aux bouchers de Paris qu'il vend, en demi-gros, les dix-huit vingtièmes de sa marchandise. Il en résulte que la concurrence en détail des bouchers forains sur les halles est à peu près illusoire pour les consommateurs ; leur commerce se réduit à un *regrat*, dans toute l'étendue du mot. Croit-on obtenir, par ce moyen, le bon marché du détail ?

Telle est la situation réelle des choses ; telle est la condition qui nous est faite ! Est-elle supportable ? Non, sans doute, et plutôt que d'y périr, nous serions les premiers à jeter le cri de liberté, à demander cette émancipation de la boucherie dont nous endurons aujourd'hui tous les maux, en gardant ceux de la servitude ! Liberté ! et alors, plus de cautionnement ! plus de caisse de Poissy ! plus d'abattoirs ! Liberté d'acheter et de vendre partout ! liberté d'ouvrir, de fermer des étaux, où et quand nous voudrons ! Nous ne sommes pas chargés de prévoir ce qui en résulterait pour l'approvisionnement de Paris, pour les revenus du Trésor et de la caisse municipale, pour la santé publique (car d'autres useraient peut-être mal de cette liberté dont nos habitudes ne nous permettraient pas d'abuser) ; mais pour nous, du moins il n'en résulterait rien de pire que ce qui existe, c'est-à-dire la liberté pour les autres, et les servitudes pour nous !

CHAPITRE XVI.

TUERIE DE BAGNOLET.

Il est rare que les prédications d'intérêt public ne cachent pas un intérêt privé.

C'est ainsi que le grand zèle de certaines personnes pour la vente des viandes à la criée touche de bien près à la prospérité d'un établissement qui s'est formé à Bagnolet dans la pensée, peu modeste, de remplacer à la fois les marchés de Sceaux et de Poissy, et les abattoirs officiels.

Est-ce sous les auspices de l'administration que se prépare cette métamorphose?

Non sans doute ; c'est l'œuvre d'un simple particulier, d'un de nos anciens confrères en boucherie, d'un des anciens collègues de MM. les agréés au tribunal de commerce, et aujourd'hui directeur-gérant d'un échaudoir privé.

Ce sera plus tard aux éleveurs à juger si cet établissement leur rend les services qu'il leur promet ; cela les regarde.

Ce qui nous regarde, nous, c'est de constater, c'est de signaler son illégalité, aux termes des ordonnances qui régissent le commerce de la boucherie.

Voici deux textes qui nous dispensent d'une longue discussion.

L'article 17 de l'arrêté régulateur du 8 vendémiaire an XI (30 septembre 1802), arrêté toujours en vigueur, *interdit toute vente de bestiaux, pour l'approvisionnement de Paris, ailleurs que dans les marchés de Sceaux, de Poissy et de la place aux Veaux.*

L'article 15 de l'ordonnance organique du 18 octobre 1829, ordonnance toujours virtuelle, *fait défense d'abattre des bestiaux dans aucune boucherie, étable, bergerie et abattoir particulier.*

Or, que se passe-t-il à l'établissement de Bagnolet ?

Les éleveurs *y vendent des bestiaux pour l'approvisionnement de Paris,* en contravention au premier des articles que nous venons de rappeler. Dira-t-on qu'ils n'en vendent pas et qu'ils ne font que déposer en commission? Soit; mais quelle garantie trouvent-ils en échange de celle de la Caisse de Poissy qui leur paye d'avance ce que Bagnolet ne leur payera qu'après, et sur un bordereau plus ou moins satisfaisant, puisque l'on ne peut prévoir le prix qui sortira de la criée?

Quant à l'ordonnance de 1829, il ne peut pas y avoir d'équivoque. La *tuerie* de Bagnolet, comme l'intitule son gérant lui-même, *abat des bestiaux* en infraction au second des articles précités.

Est-ce clair?

L'illégalité est-elle flagrante?

Maintenant, quels sont les avantages que la compagnie de Bagnolet offre aux expéditeurs pour obtenir la préférence sur les marchés réguliers?

Est-ce une grande diminution de frais? Mais, en ayant l'air de ne se réserver sur un bœuf, par exemple, qu'une commission en nature, c'est réellement une prime pécuniaire de 12 à 14 fr. qu'elle s'attribue. La commission retenue se compose des abats proprement dits (dont la valeur est de 6 fr.); la langue, 1 fr. 50; les deux rognons, 1 fr. 50; les pieds, 1 fr. 50; sans compter les 1 fr. 50 de revient aux garçons; c'est donc un droit de 12 fr. au moins à prélever, avant qu'on sache le prix de la vente à la criée de l'animal entier et quel que soit ce prix. La proportion est la même pour le mouton. Quant aux veaux et aux porcs, c'est 2 centimes par kilo que la tuerie s'adjuge. Ajoutez ces frais à ceux du crieur des Prouvaires, qui seront encore supportés par le vendeur.

Les envois par bandes, au moyen de commissionnaires-marchands, ne seront pas plus évités, au moyen de Bagnolet que de Poissy. Il faudra bien toujours que les éleveurs réunissent leurs envois; des conduites partielles leur seraient trop onéreuses. C'est donc à tort qu'on les flatte d'une économie sur ce point.

La garantie n'est pas supprimée. Le *prospectus* de Bagnolet, reproduit sous diverses formes, dans les annonces payées de certains journaux, déclare que *l'établissement ne répond pas des cas de mort, par maladie ou accidents, des animaux envoyés.*

Après la vente, quelle qu'elle soit (et, ici, l'expéditeur est à la merci du revendeur, puisqu'elle ne se fait pas à prix débattu, et qu'il n'a pas la liberté de refuser de vendre, si le prix ne lui convient pas), après la vente, *le résultat du compte est transmis sans retard aux expéditeurs pour la voie qu'ils indiquent.* Certes nous ne doutons pas de la solvabilité de la compagnie; mais la boucherie de Paris était solvable aussi; ce qui n'a pas empêché l'administration de créer, dans l'intérêt des éleveurs, la Caisse de Poissy, où ils trouvent leur argent prêt au moment de la livraison.

Examinons le bordereau de vente, tel que le *prospectus* nous le donne :

Viande vendue

Suif . . . .

Cuir

Total . . . . . .

A déduire, octroi

Reste net .

A l'appui du compte de la *viande* vendue, on produit la note du facteur de la criée; c'est exact.

Pour le *suif* et le *cuir*, on a vendu au cours, dit le *prospectus*. Mais le cours est variable, et dans un même marché. A quelle heure, à quel cours aura-t-on vendu? Nous avons entendu souvent les clients d'agents de change se plaindre que jamais leur vente n'était faite au plus haut, ni leur achat au plus bas; il y a toujours au moins 5 c. en dedans ou en dehors. A quoi cela tient-il?

Au reste, ce n'est pas à nous de critiquer les opérations de l'établissement de Bagnolet. L'intérêt des expéditeurs doit être vigilant.

Bornons-nous à protester, au nom du marché de Poissy, comme au nom des abattoirs, contre une institution créée en dehors de toutes les règles écrites.

Sa tendance n'est pas douteuse.

Nous avons déjà entendu proposer une caisse municipale de crédit pour la criée, c'est-à-dire pour Bagnolet qui l'alimente en grande partie.

On parle aussi d'une grande boucherie communale.

Toutes ces innovations se tiennent.

Et cependant, depuis trois années, et surtout dans les dix-huit mois qui ont suivi la révolution de février, n'a-t-on pas vu ce que valaient tant d'idées nouvelles dont on avait fait d'abord si grand bruit.

Les révolutions commencent par tout détruire. Vient ensuite un gouvernement qui relève. Ne continuons pas l'œuvre de démolition. Croyons au passé et défions-nous de l'avenir.

Certes, il y a une amélioration désirable, dans l'intérêt public; ce n'est pas la destruction du marché de Poissy, c'est son déplacement; le marché est trop éloigné. Celui de Sceaux a besoin d'être agrandi. Quelques propositions ont été adressées à diverses époques à l'autorité. On lui offrait des terrains plus favorables et plus rapprochés.

La Commission jugera sans doute convenable d'examiner la question.

Mais en attendant, il ne faut pas que les intérêts privés trouvent le prétexte de se substituer à l'intérêt général. Il ne faut pas que des spéculations s'intronisent sur les institutions légales, et que des journaux amis égarent, à force de réclames, l'opinion publique, sans que l'autorité intervienne pour l'éclairer.

A chacun son rôle.

La Caisse de Poissy est une institution consacrée par la loi; les abattoirs sont une création impériale, justifiée par l'expérience. Il y a des règles qui les protègent. On doit les faire respecter.

CHAPITRE XVII.

VIANDE POUR LA TROUPE ET POUR LES HOSPICES.

Tout le monde, assurément, doit se montrer empressé de rechercher les moyens d'assurer à la troupe une nourriture saine et au meilleur prix possible.

Depuis 30 ans, les gouvernements qui se sont succédé ont consacré tous leurs soins à l'amélioration du sort matériel de l'armée. L'énumération des actes qui ont eu pour objet le bien-être du soldat serait longue et convaincante. On a fait d'utiles réformes, on a pris de salutaires précautions, on a perfectionné tous les services. Le gouvernement actuel a suivi l'exemple des gouvernements antérieurs ; mais, par ce triste préjugé (que nous avons signalé déjà) de vouloir faire autrement sous prétexte de faire mieux, et de changer ce qui existait avant 1848, on a fait des essais malheureux. Ne nous occupons que de ceux qui concernent la subsistance.

Pour le pain, il existait des manutentions dont les produits, perfectionnés de jour en jour, avaient fini par offrir une amélioration presque absolue. Elles ont été supprimées récemment, et on y a substitué l'obligation pour le soldat de se pourvoir de son pain dans les boulangeries des villes de garnison. Cela est bon pour Paris et pour les grandes villes ; mais comment appliquer ce système aux petits cantonnements, aux étapes, et aux colonnes expéditionnaires de l'Algérie, l'Algérie où l'on a étendu l'application du nouveau régime ! D'un autre côté, au point de vue de la boulangerie elle-même, comment, avec les conditions actuelles d'approvisionnement, imposera-t-on aux boulangers de Paris, par exemple, l'obligation de se pourvoir d'un supplément pour 60,000 hommes de plus, d'élargir leurs fours, de fabriquer un pain spécial, de se contenter d'un bénéfice illusoire, sans leur assurer quelques avantages qui réagiront toujours sur le Trésor, directement ou indirectement, car ce n'est pas une clientèle productive qu'on leur amène, c'est une charge journalière. Les manutentions fonctionnaient si bien qu'elles avaient été multipliées, et l'on était même à rechercher si, à l'exemple des manutentions militaires pour l'armée, il ne serait pas bon que les grandes municipalités fondassent des manutentions civiles pour les classes ouvrières. C'était le contraire du système de M. d'Hautpoul ; aussi, depuis le remplacement de ce ministre, parle-t-on de rétablir le précédent ordre de choses. Mais calculez ce qu'a déjà coûté la suppression des anciens établissements, ce que coûtera la réinstallation des nouveaux, et jugez de la valeur des économies hasardées par des administrateurs inexpérimentés et aventureux.

Même illusion pour ce qui concerne la boucherie.

Le préjugé régnant pousse les acheteurs au marché de la criée. On ne s'est pas contenté d'attendre que les consommateurs fussent avertis par leur intérêt, s'il y trouvaient en effet une satisfaction ; on a battu le rappel avant même de connaître les résultats d'une expérience naissante. On a invité les chefs de corps à diriger les caporaux de l'ordinaire vers la criée où ils trouveraient (ce qu'on n'avait pas encore vérifié) des qualités supérieures de viande à des prix réduits sur les prix qu'ils payaient chez les bouchers habituels. Les colonels ont cédé à une importunité plus ou moins désintéressée ; et dans tous les cas, à leur désir constant de rechercher tout ce qui peut améliorer la condition du soldat. L'épreuve se continue. Nous ne demandons pas mieux.

Mais plusieurs inconvénients se présentent.

D'abord si les viandes abattues qui ont passé par tant de stations et tant de mains, quand elles viennent directement de l'expéditeur de département, sont achetées par bœuf et par demi-bœuf pour suffire à plusieurs repas, n'est-il pas à craindre qu'elles s'altèrent dans le temps chauds, et n'est-ce pas, si nous sommes bien informés, ce qui s'est passé au camp des Invalides, où le soldat a été privé deux jours de suite de sa viande par la perte de la provision qu'on avait faite à la criée, et qui s'était corrompue sous la double influence d'une température trop douce et d'un camp trop humide. Cela n'est pas à redouter au contraire, quand il s'agit de viandes venues directement et sans retard de l'un des abattoirs de Paris à l'étal du boucher. Or, la criée ne vend pas en détail

Ensuite a-t-on bien calculé ce que la confusion des hautes viandes avec les basses, dans les achats en gros faits par la troupe, y ajoutait de valeur, et comment espérer que la troupe paie 6 sous et demi la livre de viande abattue, prise collectivement, sur le marché des Prouvaires, quand le boucher de Paris paie en moyenne 9 à 10 sous, sur le marché de Poissy, la livre du bœuf sur pied, envoyé par les mêmes expéditeurs? N'est-il pas évident qu'il n'obtiendra ce rabais qu'à une condition, c'est que la viande de la criée sera trop voisine de l'insalubrité pour trouver un autre débouché? Encore un exemple : Serait-il vrai que le soldat ait acheté, en effet, 48 livres de viande sur le marché des Prouvaires qui ne lui avaient pas procuré le bouillon qu'il tirait précédemment de 40 livres achetées en boucherie, et que, la soupe faite, la viande ne fût pas mangeable.

Enfin. qu'est-ce qu'un régime seulement applicable à la garnison de Paris, dans l'ensemble de l'armée? Est-ce là de l'administration ?

Il y a plus, ce n'est pas une concurrence qu'on propose au soldat, ce n'est pas une préférence raisonnée qu'on lui conseille, un choix qu'on laisse au libre arbitre de son intérêt ; c'est une consigne qu'on lui impose. Pour arriver au tréteau de la criée, il faut traverser des étaux de bouchers, parisiens ou forains, et l'on défend à ces bouchers d'offrir aux soldats de la viande de bonne qualité, à des prix égaux ou même inférieurs. On verbalise, on veut procédurer ; ce sera curieux. On nous dit que c'est un boucher forain qui est prévenu de ce grave délit d'avoir offert de la marchandise à un acheteur! comme si ce n'était pas le droit du marchand, comme si la liberté de l'acheteur ne restait pas entière! Forain ou non, sa cause est la même que la nôtre ; c'est celle du commerce tout entier. La criée est une concurrence qui ne peut pas supprimer les autres. Le facteur crie, le boucher propose; chacun est dans son droit ; c'est ce qui se passe sur tous les marchés, ceux même où il n'existe pas de criée. Dans quelle loi a-t on trouvé le droit du monopole qu'on veut attribuer à ce nouveau genre de vente? Nous ne comprenons pas cette prétention, et on ne saurait la justifier.

La boucherie tient toujours à la disposition de la troupe de bonne viande, deuxième, troisième qualités réunies, à 30 et 35 centimes. La troupe ne prend que la quantité nécessaire. Elle a toujours le boucher fournisseur pour garant de la salubrité des viandes. Trouve-t-elle les mêmes garanties dans les hasards de la vente à la criée? Et, dans tous les cas, peut-on forcer sa confiance et son choix? Cela sort des règlements disciplinaires.

Quant aux hospices, ils se sont créé à Villejuif un service spécial ; rien de mieux. On avait aussi proposé d'établir des échaudoirs dans les forts occupés par l'armée de Paris. Nous n'aurions rien à dire si l'armée y trouvait l'économie qu'elle doit rechercher. Les hospices s'alimentent donc par eux-mêmes, et au moyen d'adjudications dont on pourrait appliquer le système aux corps de troupes. Les bouchers forains sont admis à concourir pour la fourniture de Villejuif. Nous ne saurions nous en plaindre, puisque c'est un *service de banlieue*. Mais ce qui paraîtra surprenant et dangereux, c'est qu'il leur est permis ensuite de venir débiter dans Paris les viandes refusées (sans doute pour cause d'insalubrité) par l'établissement de Villejuif. Si c'est à cette condition qu'on fournit de la viande à bas prix aux classes ouvrières de la capitale, nous regrettons que les intentions de l'autorité soient si mal comprises.

Un dernier mot. Nous prions les partisans de la criée qui ont promis de si grands avantages aux éleveurs, de leur expliquer comment ceux-ci trouveront leur profit à vendre sur le marché des Prouvaires, depuis 10 centimes jusqu'à 35 centimes le demi-kilo de la viande abattue, quand ils la vendent de 30 à 50 centimes sur pied à Sceaux et à Poissy. Laissons tout le monde s'éclairer par les faits.

CHAPITRE XVIII.

COMPARAISONS AVEC L'ANGLETERRE.

En matière de boucherie, comme dans beaucoup d'affaires, on a souvent abusé de quelques comparaisons avec la Grande-Bretagne.

C'est une mode en France, depuis 1814, d'opposer les exemples de nos voisins à nos habitudes, à nos mœurs, à nos lois.

Dans le régime antérieur à 1815, on ne procédait que par contradiction.

Depuis trente-cinq ans, on ne veut procéder que par imitation.

Qu'on regarde bien. Nous n'avons importé utilement chez nous, depuis 1814, que des découvertes qui étaient nées sur notre sol et du génie de nos nationaux, découvertes qui n'avaient pas trouvé dans leur mère-patrie des encouragements utiles, et qui sont allées prendre chez nos voisins un brevet d'invention pour revenir prendre chez nous, ensuite, un brevet de perfectionnement.

A vrai dire, c'est donc de la réimportation, plutôt que de l'importation.

En ce qui nous concerne, veut-on importer les usages de l'Angleterre? Qu'on importe en même temps ses pâturages, ses parcs, sa consommation, les habitudes physiques de ses habitants et l'immunité de tout impôt qui protége la production et le commerce de la viande. Il n'y aura de comparaison vraie qu'à ces condiitons.

Pour en avoir la conscience nette, notre syndicat a été invité à envoyer quelques-uns de ses membres en Angleterre. Trois d'entre eux s'y sont transportés au mois d'août 1850.

Voici ce qu'ils ont observé et ce qu'ils nous rapportent.

Ces informations sont peu conformes à ce qu'on lit dans beaucoup de livres et de journaux. Pour nous elles sont exactes, car elles ont été prises sur les lieux par nos représentants, par des hommes expérimentés, et il y a deux mois à peine. Qu'on nous permette de nous y référer jusqu'à preuve contraire.

Nous les soumettons à la Commission sincèrement, comme elles ont été recueillies.

Les marchés se tiennent à Londres dans l'intérieur de la Cité; il y en a deux par semaine, un le lundi et un le vendredi; on y amène bœufs, veaux et moutons. Le droit du marché est d'un penny, valeur de 10 centimes de France, pour tous droits. Comparez d'abord cette redevance avec nos impôts de tous genres.

Les marchés sont toujours approvisionnés d'une grande quantité de bestiaux. Ceux du lundi ont de 3,400 à 6,000 bœufs, et de 35,000 à 80,000 moutons. Le vendredi est moins fort de moitié environ. Comparez encore cette consommation avec la nôtre.

Les veaux sont de qualité inférieure à ceux de France; ils sont amenés sur les marchés sans être attachés par les pieds, et sont placés debout comme les bœufs dans des cases; innovation que nous avons beaucoup de peine à introduire chez nous, même après la loi sur les animaux domestiques. Le veau n'est pas recherché, et par cela même n'est jamais d'un prix élevé.

Le nombre des bestiaux sur les marchés d'approvisionnement étant toujours considérable, il y a très-peu de différence dans les prix d'achat, avantage que n'a pas la boucherie de Paris sur nos marchés, où la moindre différence de température ou un nombre inférieur de bestiaux fait élever les cours de 20 à 30 fr. d'un jour à l'autre. Chez nous, quoi qu'on dise, la production suit à peine la consommation; en Angleterre, la production est surabondante.

Les bouchers anglais n'ont pas de cautionnement à verser, pas de frais à payer pour des inspecteurs ou autres préposés de l'autorité.

44

La boulangerie, fortement organisée de tout temps, brisa en 1372 les liens disciplinaires qui la retenaient, s'affranchit du joug des édits des rois et des règlements de police.

La famine dévora presque aussitôt Paris.

La renaissance de l'ordre après la guerre civile fut marquée par la mise en vigueur des statuts que la corporation avait foulés aux pieds.

Le temps qui s'écoula entre l'année 1789 et le décret de l'an X offre encore un essai de liberté, un enseignement historique (1).

La boulangerie était libre. Douze cents fours étaient ouverts dans Paris. Les forains y apportaient chaque jour leur tribut d'approvisionnement.

Mais une disette se faisait-elle sentir, ou seulement Paris en voyait-il la menace, si la farine devenait chère, rare, les fours cessaient de cuire, les boutiques se fermaient ; le boulanger de ville s'enveloppait dans sa liberté ; le forain cessait de paraître (2).

Alors les murmures du peuple, la foule ameutée dans les rues, le mal aigri dans le tumulte des rassemblements, la faim métamorphosée en révolte.

Il suffit de descendre sur la place publique pour savoir de quelle importance est pour Paris un approvisionnement réel, et surtout un approvisionnement auquel le peuple croie.

L'administration a pris conseil du passé ; elle a aussi trouvé dans la nature des choses des raisons décisives pour organiser la boulangerie.

La ville fait une consommation de seize cents sacs de farine par jour.

Ce besoin journalier doit être satisfait, sans trouble, avec la plus parfaite régularité.

Après le pain du jour il faut celui du lendemain, c'est-à-dire la certitude de l'avoir : la tranquillité est à ce prix.

Un approvisionnement est donc nécessaire (3).

Le boulanger pourrait aisément devenir un instrument de désordre.

Il fournit à la population son aliment de tous les jours.

S'il réduit le nombre de ses fournées, s'il élève le prix de son pain, tout un quartier s'agite, se déplace et souffre. Qui répondra que les malveillants n'exploiteraient pas, comme ils ont toujours exploité, la facilité du peuple à s'inquiéter sur son existence ?

Ces diverses considérations ayant paru puissantes au gouvernement, il a conçu la nécessité d'une boulangerie forte et dépendante et l'a organisée sur ces bases (4) :

La taxe du pain imposée ;

La quantité des fournées surveillée par lui ;

Un dépôt de farines dans les magasins de la ville à titre de garantie ;

Un approvisionnement à domicile.

Enfin, partout il a introduit l'action du pouvoir, et pour qu'elle fût plus facile et plus sûre, l'exercice de la profession n'a plus été possible sans une permission du magistrat.

Le décret de vendémiaire créa cette organisation.

Douze cents boulangers avaient boutique ouverte au moment où il fut rendu. Plus de quatre cents fermèrent.

(1) Il l'est pour la boucherie comme pour la boulangerie. Les désordres qui suivirent la loi de 1791 furent tels, dans le commerce de la viande, que le gouvernement révolutionnaire lui-même fut obligé de supprimer tous les marchés publics par un arrêté de thermidor an V. Nous le citons ailleurs.

(2) On a vu cela pour la boucherie, en février et en juin 1848. Quand cette concurrence manque, l'autorité recourt à nous. On nous écrase dans les jours d'abondance ; on nous recherche dans les moments de crise. Qu'on se reporte à ce qui s'est passé en juin ; on sera plus juste pour nous.

(3) L'approvisionnement existe pour nous, par les marchés et la caisse obligatoires de Sceaux et de Poissy, et par l'arrêté qui supprime nos étaux quand ils ont cessé d'être garnis pendant trois jours. On sent bien que la viande ne peut être emmagasinée comme la farine.

(4) Les servitudes qui nous sont imposées par l'administration sont d'une autre espèce, mais elles ne sont pas moins étroites.

C'étaient ceux-là qui, sans ressources, cuisaient ou cessaient de cuire selon les alternatives de gain et de perte que présentait le commerce.

Leurs établissements supprimés, huit cents boulangeries restèrent. Ce nombre fut jugé excessif par l'autorité.

Alors, sous la présidence de M. le comte Dubois, préfet de police, les électeurs-boulangers furent appelés à délibérer sur le besoin de réduire encore le nombre des boulangeries, pour le mettre en harmonie avec la consommation de la ville.

L'administration voulait que l'amortissement des fonds fût fait à prix d'argent. Il devait profiter à la boulangerie; elle s'imposa le sacrifice nécessaire pour le réaliser. Une cotisation annuelle de 30 fr. fut votée.

M. le préfet sanctionna la délibération, et la convertit en arrêté, le 25 septembre 1807.

Cette mesure s'exécuta. Une somme de 1,287,866 fr., produit de nos cotisations, fut consacrée à l'achat des fonds que les propriétaires vendaient parce que les charges étaient devenues trop fortes (1).

L'extinction lente et successive poursuivie avec persévérance, réduisit à cinq cent soixante le nombre des boulangeries. Ainsi le gouvernement avait décrété la limitation parce qu'elle est utile au bien public! Il nous avait entraînés dans ses voies, et une partie notable de notre fortune avait servi ses desseins.

La boulangerie, constituée forcément, supporta avec résignation les dures années de 1812, 1816 et 1817.

Mais en 1826 l'administration faussa clandestinement ses promesses. Loin de supprimer les boulangeries, elle délivra quarante permissions (2).

Quarante établissements éteints par nous, de nos deniers, sous l'autorisation du préfet de police, furent rouverts.

A qui profita cette violation scandaleuse des plus saints engagements? Nous l'ignorons (3).

Nos cotisations ne nous furent pas rendues.

Les établissements nouveaux croulèrent presque tous.

Le pain ne fut pas vendu moins cher; la qualité n'en devint pas meilleure.

La vieille boulangerie, froissée par cette iniquité criante, fit des pertes considérables. Tandis qu'autrefois elle employait à acheter des farines tous ses capitaux, et ajoutait à l'approvisionnement obligé celui que son expérience sagace jugeait utile, elle n'acheta plus; les hausses cessèrent d'être balancées par le contre-poids de ses mesures prévoyantes.

Un mal plus grand s'ensuivit. A défaut de ressources véritables, ce commerce usa du secours dangereux du crédit.

Le crédit masqua quelque temps sa détresse, puis elle éclata par des faillites, et dès 1829 la ruine de la boulangerie ne fut plus un mystère.

Notre position est mise à nu, les moyens de l'améliorer ne manquent pas. Mais avant de les indiquer à votre sagesse, nous devons l'éclairer encore sur un abus qui se rattache intimement à la question actuelle, nous voulons dire la vente du pain sur les marchés (4).

Le principe de la limitation est émané de la volonté du pouvoir, il lui appartenait dans son origine; mais il est devenu une propriété de la boulangerie en vertu des rachats opérés sous l'influence et avec l'approbation du premier magistrat de la ville (4).

Ce principe n'existerait plus si les marchés pouvaient être un refuge ouvert à tous les forains; si en concurrence avec des établissements fixes, grevés de charges, soumis à un approvisionnement onéreux, obligés à un service constant, les forains et les propriétaires de fours clandestins pouvaient élever ces échoppes éphémères où le commerce n'a que de bons jours, fuit les mauvais, échappe à toute charge comme à tout contrôle (4).

En raison, ce que nous avons dit sur la limitation des boulangers s'applique à la limitation du droit de vendre sur les marchés. Nous éviterons donc les redites.

L'autorité du passé nous prête encore son secours. Depuis 1805 jusqu'en 1828, cette matière a occupé tous les

---

(1) Nous avons subi les mêmes nécessités. On nous a aussi imposé le rachat de deux étaux pour un, et cela nous a coûté 1,600,000 fr.

(2) Même violation à notre égard : après la limitation proclamée et rachetée, on créa des étaux.

(3) Nous serons aussi discrets, en ce qui nous concerne, que nos confrères de la boulangerie.

(4) (4) (4) Les trois paragraphes nous sont applicables, mot pour mot.

Quant au bœuf de Hambourg, on sait que la viande de cette provenance est ou sera fumée et salée, et nous ne voyons pas ce qu'on prétend conclure de cet envoi.

On pourrait contester jusqu'à preuve formelle que la viande abattue dont Newgate s'approvisionne vienne en effet de bien loin. A quoi bon ? Les expéditeurs s'exposeraient-ils à courir les risques d'une avarie, quand ils ont la faculté de faire parquer leurs bœufs vivants auprès du marché même, et de les faire abattre au moment et en proportion de la vente. Cette facilité rend assez inutiles des commandes lointaines, ou si ces commandes sont nécessaires en effet, elles prouveraient donc que la production n'est pas si surabondante, ni les prix de vente si modérés, qu'on affecte de le dire, quand on a besoin de cet argument contre la boucherie française.

Qu'on nous permette un dernier aperçu au sujet de ces comparaisons hasardées.

Puisque l'on établit toujours un parallèle entre les procédés agricoles de nos voisins et les nôtres, qu'on ne perde donc pas de vue deux grandes conditions économiques qui impriment à tous les objets comparés des différences radicales : d'un côté, la grande culture, favorisée par les grandes propriétés, qui tendent sans cesse à s'accroître, au lieu de se morceller, comme chez nous, à chaque génération ; de l'autre, le bas prix du loyer des capitaux, qui seconde si merveilleusement les opérations de toute nature et qui procure un revient à meilleur marché.

Ce sont là deux moyens de supériorité incontestables acquis à l'Angleterre, et dont il faut tenir compte dans tous les rapprochements qu'on se plaît à faire, non-seulement par rapport à l'agriculture des deux pays, mais en tout ce qui se rapporte à leur industrie et à leur commerce. Ce n'est pas ici, ce n'est pas à nous qu'il convient de développer ces deux considérations dominantes, que nous nous contentons de rappeler aux lumières de la Commission.

CHAPITRE XIX.

APPROVISIONNEMENT DE PARIS. — LA BOULANGERIE.

La question dominante, et surtout devant une commission gouvernementale, c'est l'approvisionnement de Paris, assuré et garanti en ce qui concerne les denrées alimentaires de première nécessité : le pain et la viande ; nous pourrions ajouter en fait d'éléments auxiliaires, le bois et le charbon. Quant au vin, il fait son affaire lui-même et lui seul. Voici pourquoi : c'est que la production est toujours surabondante ; l'intérêt privé est donc tributaire forcé de l'intérêt général. Il y a trop de vignes pour la consommation, même pour l'exportation, et surtout pour le bien-être des vignerons. Ce commerce n'a pas besoin d'être réglementé ; il ne peut être qu'imposé. La boulangerie est plus que limitée et réglementée, car elle est taxée.

Reste la boucherie, qui était fort bien organisée. On veut attaquer cette organisation ; nous la défendons dans l'intérêt général autant que dans notre droit privé ; et le premier, le meilleur argument que nous puissions employer, c'est l'exemple de ce que l'organisation a produit de bien et d'utile dans le commerce de la boulangerie.

Les intérêts de la boulangerie et de la boucherie sont tellement identiques, au point de vue du service administratif et du bien-être parisien, que nous pouvons reproduire, à l'appui de notre organisation, les mêmes motifs, les mêmes raisonnements qu'un honorable avocat, M. Bethmont, a présentés en 1831, en 1839, en 1850, comme organe de la boulangerie. A ces trois époques, son *Mémoire* a tranché la question. L'inexpérience et les préjugés se sont arrêtés devant ses lucides explications. Eh bien, il n'y a pas, en principe, en droit, en administration, en saine économie, un mot de son plaidoyer qui ne s'appl que à nos intérêts, à nos droits, comme à ceux du commerce qu'il justifiait. Mêmes nécessités, mêmes obstacles, mêmes sacrifices, même utilité surtout, rien ne manque au rapprochement. Citons avec exactitude, et l'on reconnaîtra, par l'analogie des situations, que si la cause est la même, la solution doit être conforme. On respectera l'organisation de la boucherie, comme on a respecté celle de la boulangerie.

Dans la lecture de ces citations, substituez partout le nom de la boucherie à celui de la boulangerie, et vous y retrouverez fidèlement tracée l'histoire de nos pertes, de notre dévouement, de la violation de nos statuts, écrits par l'administration, de nos sacrifices pécuniaires, des infractions faites par l'autorité à ses propres engagements, et au contrat passé entre elle et nous, à prix d'argent.

Vous y verrez les promesses éludées, les droits méconnus, une concurrence déloyale suscitée et favorisée systématiquement, les mêmes dangers, les mêmes ruines ; enfin, les deux questions de la limitation et de l'illimitation, toujours en présence parce que ce sont là, en effet, les questions fondamentales pour les professions destinées à garantir l'approvisionnement de Paris.

Ecoutez M. Bethmont au nom de la boulangerie, c'est comme si vous nous entendiez nous-mêmes, au nom de la boucherie. Il n'y a qu'un mot à changer.

La liberté du commerce est un principe de notre évangile politique auquel nous avons foi et rendons hommage ; cependant nous formons presque une corporation, nous réclamons l'appui du pouvoir et nous disons avec confiance que l'intérêt ne nous aveugle pas.

La boulangerie peut-elle être un état libre à Paris ?

La population de Paris, à l'existence de laquelle la nôtre est consacrée, a besoin d'un approvisionnement vaste, sûr, sans cesse disponible, parce que dans ses immenses besoins elle consomme tout ce que produit la terre vingt lieues à l'entour. Les accidents périodiques de l'ardeur des étés, de la rigueur des hivers, intéressent toujours son repos et sa vie.

Malgré les jours fixes des marchés, ils peuvent s'approvisionner où ils veulent ; ils font entrer leurs bestiaux, et les abattent à leur volonté ; car, dans l'intérieur même de la ville, sont situés des parcs où ils les font paître jusqu'à ce que l'abattage soit devenu nécessaire. Ils peuvent donc acheter dans les jours de baisse une grande quantité, profiter à loisir du bon marché, et conserver chez eux jusqu'à la vente, autre avantage que n'ont pas, chez nous, les vendeurs ni les acheteurs, puisque les bœufs conservés vivants à l'abattoir y dépérissent faute d'air et par le changement de nourriture, ce qui force à ne les acheter que pour les abattre immédiatement et les débiter d'urgence, coûte qui coûte.

A Londres, le commerce est entièrement libre ; un boucher ouvre et ferme son étal, sans permission, sans surveillance ; il n'a à subir aucune exigence de la part de l'autorité, aucune servitude, de quelque genre que ce soit.

Un boucher a de 2,400 à 3,000 francs de loyer ; ses frais sont ceux de manutention et d'intérieur.

Il n'a d'ailleurs aucun droit à payer sur la viande, soit sur pied, soit abattue. Beaucoup de bouchers abattent chez eux ; d'autres se réunissent dans un échaudoir commun.

La boucherie de Londres a un débouché de sa marchandise que n'a pas la boucherie de Paris ; elle sale une grande partie de ses basses viandes pour la marine et les expéditions lointaines. L'autre partie est employée à faire des tablettes de bouillon pour la même destination.

Les marchés de viande abattue tiennent tous les jours.

La viande s'y vend en gros et en demi-gros, dans des étaux loués au premier offrant et à l'année, sans intervention ni préférence, ni exclusion de l'autorité. Dans quelques marchés, on vend en détail, mais cette vente est fort limitée.

Les étaux de gros et demi-gros ferment à midi. Beaucoup de bouchers font encore le commerce en gros chez eux, en fournissant des bouchers qui n'abattent pas.

Les cuirs se vendent tous les jours sur un marché situé dans la Cité, au même prix environ que chez nous.

Le suif se vend aux fondeurs 3 pences (30 centimes de France) le demi-kilo. Ce suif ne se compose que des graisses d'étal non épluchées ; le suif de rognon est d'un prix plus élevé, étant fondu pour la consommation de la cuisine.

Les issues sont vendues à l'armée, et le même prix qu'à Paris.

La viande est d'assez bonne qualité ; cependant, il y en a d'inférieure, mais en petite quantité. Voici les prix ordinaires :

		Prix anglais.	Prix en monnaie de France.
1	Les jambes et une partie des colliers	2 pences	ou 20 centimes.
2.	La poitrine	4 1/2	45
3.	Le paleron	5 1/4	55
4.	Le rosbif	7	70
5.	L'aloyau	8	80
6.	Le rumps eack	11 à 12	1 20

On fait oberver que la livre anglaise n'est que de 14 onces, ce qui augmente le prix de la viande d'un huitième.

Ainsi, le prix des six morceaux désignés est, relativement au demi-kil. français (nous ajoutons un septième pour les 2 onces en plus), de :

1er morceau	» 23
2e	» 51
3e	» 62
4e	» 79
5e	» 90
6e	1 35

La moyenne anglaise est de 73 cent. 3/10 par 1/2 kil. La moyenne française, dégagée des quatre qualités que vend la boucherie parisienne, est de 35 cent. 1/4. Nos quatre qualités sont de 35, 50, 60, 70. Il n'y a donc pas une baisse de prix, mais une surélévation de 10 cent. 3/10 sur les moyennes, au désavantage du marché de Londres comparé à celui de Paris. Qu'on cesse donc de citer les exemples anglais.

Quant à la criée, elle n'est pas en usage à Londres, quoiqu'on l'ait dit et imprimé récemment dans un des journaux français les plus répandus. On peut forcer des raisonnements pour soutenir une cause ; mais il ne faut pas inventer des faits.

Voici une autre point de comparaison entre les marchés anglais et le marché parisien que nous recommandons à l'examen de la Commission. Ici, ce n'est pas l'éleveur, ce n'est pas le boucher, c'est l'administration qui est en cause.

On a calculé qu'un cultivateur avait moins de frais à faire pour vendre une pièce de bœuf expédiée d'un village situé à un quart de lieue de Paris au marché de Newgate à Londres, que pour l'amener à la vente, de ce village au marché des Prouvaires à Paris. Soit, par exemple, 100 kil. de viande ; l'expéditeur paye pour Paris, octroi 12 fr. 32. . . . . 12 32

    Droit de vente à la criée, 1 1/2 par kil. ; tout compris avec les faux frais, 3 c. . . . 3 50

                                             Total. 15 82

On ne parle pas du transport pour Paris, ne mettons rien pour cela.

Or, pour Newgate à Londres, on paye, transport de Paris au Havre, les 100 kil. 3 42

Du Havre à Londres, au dock Sainte-Catherine. 2 40

Du dock au marché, commissions, place, etc. . . . . 3 »

                                           Total. 8 82

Différence au profit de la vente de Londres, par 100 kil. . . . . 7 » attendu qu'à Londres il n'y a ni douanes pour la viande, ni octrois.

La position faite à la culture par l'administration est si singulière, que la production a intérêt à vendre en Angleterre ; et d'ailleurs c'est ce qu'elle avait commencé à faire ; les Normands s'habituaient à fournir régulièrement Smithfield, marché de Londres ; ils y envoyaient leurs beaux bœufs. Le calcul qu'on vient de lire pourrait s'appliquer même à un bœuf parti du centre de la France, dont la vente sur pied serait plus avantageuse au producteur sur le marché de Londres que sur ceux qui alimentent Paris.

Au reste, il ne faut pas s'exagérer l'exportation des bœufs de Normandie pour l'Angleterre. C'était une affaire de circonstance. Les expéditeurs avaient craint que, par suite de la loi de 1846, la boucherie de Paris eût moins d'intérêt à acheter de gros bœufs, puisque le droit était basé sur le poids. Ils avaient donc cherché ailleurs un débouché. Mais quand il a été reconnu que les habitudes de la boucherie n'étaient pas changées, les envois de Normandie sur nos marchés ont repris leur cours normal.

Voilà pour ce qui concerne la viande sur pied.

Maintenant, en réponse à l'objection que tout le monde a faite sur les inconvénients du transport des viandes abattues qui perdent de leur qualité, on a encore cité l'exemple de l'Angleterre, où la consommation de la viande est plus générale ; on a dit que, chaque semaine, il arrivait sur le marché à la viande de Newgate des animaux abattus, de tous les comtés et même de l'étranger, de Hambourg, par exemple, d'où il était arrivé en avril dernier 17 paniers de bœufs abattus.

La réplique est facile.

A l'égard du transport intérieur des campagnes d'Angleterre à Londres, il ne faut pas oublier que l'Angleterre est sillonnée sur tous les points de chemins de fer qui rendent ce transport facile et assez rapide pour que la viande n'ait pas le temps de s'altérer.

pouvoirs. Les ordonnances, variées souvent dans leur forme, se sont toutes accordées en cela, qu'elles ne permettaient la vente du pain sur les marchés que deux jours de la semaine, le mercredi et le samedi.

En 1795, époque de liberté absolue, la récolte fut abondante ; les boulangers nomades affluèrent, couvrant marchés et places publiques du pain qu'ils étalaient même sur des tréteaux. Les abus étaient sans nombre, la santé des citoyens n'avait plus de garanties.

Un arrêté du 12 messidor an VIII mit fin à ce désordre en rétablissant la police des marchés ; du reste rien ne fut innové ; les mercredis et samedis furent seuls réservés au débit du pain (1).

M. Bethmont, recherchant ensuite les vrais motifs de ces mesures, ajoute, avec une triste conviction :

Des motifs, on n'en donna pas, ou plutôt, par une dérision véritable, on invoqua l'*intérêt de l'approvisionnement et du commerce.*

L'intérêt de l'approvisionnement ?

Les forains ne font point de dépôt de garantie, n'ont point de contingent à domicile. Ils n'ont jamais approvisionné que l'abondance.

L'intérêt du commerce ?

Ce n'est point le nôtre sans doute, ce n'est pas davantage celui du peuple ; car de tous les citoyens, les seuls qui se déplacent et fréquentent les marchés pour y acheter du pain, ce sont les pauvres, et les pauvres n'ont pas même la ressource d'acheter aux forains. L'indigent porteur d'une carte la présente vainement, elle n'est pas reçue.

Ces motifs n'étaient donc que de misérables prétextes.

L'administration, *qui voulait faire de la popularité avec nos fortunes*, avait tout récemment délivré quarante permissions ; elle ouvrait les marchés aux forains en présence d'une boulangerie payant patente, fournissant l'avance de 66,000 sacs de farine, c'est-à-dire près de 4 millions ; elle créait une boulangerie de passage exempte d'impôts, dispensée de sacrifices, affranchie même des mesures de police. Comme si des chefs de famille, que la loi est sûre de retrouver toujours, n'offraient pas plus de garanties que ceux qui par mille moyens toujours lui échappent.

L'illimitation des boulangeries régulières présente de grands dangers. Celle des boulangeries de marchés en produirait d'aussi graves. L'une et l'autre seront repoussées par une autorité prévoyante et surtout fidèle aux engagements sur lesquels repose l'existence de six cents familles de commerçants.

En résumé :

La boulangerie de Paris a reçu sa limitation du décret du 19 vendémiaire an X.

Elle a consacré 1,287,866 fr. à éteindre les fonds que l'autorité voulait supprimer.

Elle a satisfait aux ordonnances sur le *contingent*, et par là a constamment avancé un capital de 4 millions.

Ses efforts durant les disettes de 1812, 1816 et 1817 l'avaient appauvrie.

L'arbitraire dans la fixation des mercuriales, la création de quarante établissements nouveaux, l'abandon des marchés aux forains ont complété sa ruine.

Aujourd'hui 250 boulangers sont hors d'état de fournir leur approvisionnement. Leur crédit est nul, leur fabrication trop peu importante pour couvrir ses frais.

Nous demandons que le nombre des boulangeries soit réduit à 550.

Les extinctions nécessaires pour nous conduire à ce résultat seront payées de nouveau par nous.

Nous demandons aussi le rapport des ordonnances des 15 octobre et 10 novembre 1828 (2).

Si la justice et la loyauté vous paraissent les plus fermes bases d'une administration durable et qui veut le respect des citoyens, on fera droit à nos demandes.

Le décret du 19 vendémiaire an X a prescrit notre limitation ; les arrêtés de la police autorisèrent l'amortissement des boulangeries inutiles.

Nous avons payé un million trois cent mille francs pour les éteindre.

Que le décret soit respecté.

Que le magistrat honnête homme qui nous autorisait dans nos rachats n'ait pas été l'auteur involontaire d'une déception ruineuse.

Que le prix de notre travail ne reste pas la proie d'une fraude administrative, qu'enfin le principe de la *limitation* soit mis à l'abri de toute atteinte directe ou indirecte.

(1) Il en fut ainsi, nous venons de le rappeler, pour les marchés à la viande.

(2) Et nous, le rapport des quatre ordonnances des 14 août 1848, 3 mai et 24 août 1849.

Le memoire de M. Bethmont pour la boulangerie est le développement de ces faits, de ces raisons et de ces questions de droit. Il faudrait le citer tout entier, si nous ne voulions en retrancher que ce qui nous serait inapplicable. Mais nous devons nous borner dans nos citations, sauf à déposer sur le bureau de la Commission un exemplaire de ce *mémoire*, sur lequel nous appelons son attention la plus scrupuleuse.

Nos conclusions sont les mêmes que les siennes, puisque les dommages et les griefs sont pareils.

L'administration comprendra, n'en doutons pas, que l'intérêt de l'approvisionnement de Paris est le même aussi à l'égard de ces deux commerces.

La population l'a toujours compris.

CHAPITRE XX.

RÉSUMÉ ET CONCLUSIONS.

Depuis que nous avons rédigé les observations qu'on vient de lire, il s'est manifesté, nous ne savons sur quelle instigation, une impatience inexplicable de résoudre une si grande question sans l'étudier, de juger nos intérêts sans nous entendre, et de disposer de l'avoir de 500 familles honorables, sans avertissement, sans examen, sans indemnité, surtout sans droit.

La commission nommée, à laquelle nous adressions ce travail, n'a tenu qu'une séance. On lui a fait entendre que sa tâche était finie, avant qu'elle l'eût commencée.

Des journaux complaisants ont annoncé une solution préconçue, une solution immédiate, une solution violente ; tous les matins nous l'attendions dans le *Moniteur*.

Cependant nous avions remis sous les yeux de M. le Ministre du commerce et de l'agriculture des textes de lois, desquels il résulte que le pouvoir législatif peut seul intervenir dans la question. Nous lui avons représenté ce passage d'un *réquisitoire* de M. Franck Carré, dont un jugement avait consacré la doctrine :

« Mais d'abord, et c'est ici notre première argumentation, l'arrêté des consuls du
» 8 vendémiaire de l'an XI, le décret impérial du 6 février 1811, dont on n'a pas dit un
» mot dans la défense, ont été pris et promulgués en la forme prescrite par la Constitution
» du 22 frimaire an VIII, ont été exécutés comme lois et n'ont été dénoncés ni annulés
» comme inconstitutionnels, aux termes des art. 21 et 22 de ladite Constitution. Dès lors
» donc qu'ils n'offrent rien de contraire à la Charte, ils doivent être exécutés, ils sont de
» véritables lois. L'illégalité dont on excipe, n'est donc pas dans l'ordonnance de 1829, qui,
» en rétablissant la limitation, est revenue aux dispositions de la loi, mais bien dans l'or-
» donnance de 1825, qui s'élevait formellement contre le texte de l'arrêté des consuls et
» du décret de 1811, c'est-à-dire contre de véritables dispositions législatives (1).

Or, si nous nous étions bornés, depuis 18 ans, à réclamer l'exécution de l'ordonnance du 18 octobre 1829, nous allons plus loin aujourd'hui ; nous demandons que les principes fondamentaux de cette ordonnance, tant de fois violés, et ceux du projet que le gouvernement avait préparé en 1841, projet que le Conseil municipal avait adopté à l'unanimité, soient déposés dans un projet de loi, soumis à l'Assemblée législative, de manière à ce qu'ils soient désormais à l'abri des caprices de l'arbitraire, qui joue si légèrement la fortune déjà si réduite d'un grand commerce, honoré depuis plusieurs siècles, et toujours honorable.

Voilà notre première conclusion.

(1) Voir la *Gazette des Tribunaux* du 24 juin 1831.

Elle renferme toutes les conclusions de détail, puisque la loi, en consacrant la limitation du nombre des bouchers, proportionnelle à leur débit constaté, ou, ce qu'il y a de plus facile, à un chiffre déterminé de population, comme le voulait le projet de 1841, abolirait toutes ces concurrences factices et funestes que l'esprit d'envie, caché sous un masque philanthropique, a déchaînées contre notre industrie. Le monopole n'est plus dans nos étaux, depuis 1832 ; il est constitué au marché des Prouvaires depuis 1848. Seulement le nôtre, quand il existait, était une garantie pour l'approvisionnement de la capitale, pour le paiement des herbagers, et pour les familles indigentes.

Il y eut un temps où l'administration, mieux inspirée, nous faisait proposer de combiner nos ventes de manière à ce que le riche payât pour le pauvre, même à égalité de morceaux. Nous n'avons jamais décliné cette proposition à laquelle on n'a pas donné de suite. Seulement, cela s'opère par la force des choses, et par la nature des marchandises. Le riche, en payant 70 centimes de la viande d'élite, nous permet, par le fait, de vendre au pauvre la viande inférieure et de moyenne qualité à 30, 35 et 40 centimes.

Que veut-on de plus ? Veut-on que tout le monde paye un prix égal pour des morceaux inégaux ? Alors qu'on s'explique franchement, et qu'on ne fasse pas de fausse popularité.

C'est avec cette mauvaise pensée qu'on excite contre nous de mauvaises passions !

Un des préjugés les plus enracinés et qu'on s'attache à cultiver, c'est que la boucherie est riche, très-riche. Nous voudrions bien n'avoir pas à combattre cette prévention ; il vaudrait mieux, pour nous, la justifier que la réfuter ; et cela serait préférable aussi, dans l'intérêt de l'approvisionnement de Paris, dont la sécurité repose sur la boucherie permanente, et non pas sur les bouchers nomades qu'on lui oppose, au risque de compromettre l'avenir.

Les administrateurs qui recueillent les faits, qui les comparent, savent bien que la boucherie est depuis longtemps déchue de l'aisance dont elle jouissait. La liste des mutations d'étaux et celle des liquidations forcées sont sous leurs yeux. Ils savent aussi que les candidats aux emplois minimes des abattoirs se composent d'anciens bouchers qui n'ont pu continuer leur commerce. Nous n'avons pas besoin de prouver à l'administration ce qu'elle sait aussi bien que nous. Quant à des adversaires systématiques, qui ne croient pas, mais qui affirment, nous renonçons à les convaincre, et ce n'est pas de nous, partie intéressée, qu'ils accepteraient des dénégations. Mais la Commission peut s'éclairer près de l'autorité ; elle saura bien vite à quoi s'en tenir.

Nous avons entendu, dans la séance unique de cette commission, son honorable président, qui connaît bien le commerce de Paris, avouer que la boucherie était dans une situation fâcheuse. Et c'est au moment où nos fortunes se réduisent au prix d'un étal, dont le numéro est évalué à 10,000 fr. (après un sacrifice de 1,600,000 fr. qu'on nous avait imposé et qu'on ne nous a pas remboursé, en donnant la limitation pour indemnité), c'est à ce moment qu'on veut faire encore tomber de nos mains, à nos pieds, ce modeste avoir qui compose l'existence de nos familles, et cela au mépris de nos droits, au mépris de l'équité la plus vulgaire, au mépris des lois les plus formelles.

Est-ce là ce qu'une administration doit à ses administrés ?

Maintenant, qu'il y ait quelques bouchers riches de leur patrimoine ou de leurs alliances, c'est possible ; mais cela prouve-t-il que la boucherie est riche ?

Plusieurs bouchers ont pu se faire remarquer par un luxe apparent ; il y a des chalands qu'on n'attire qu'à ce prix, dans cette profession comme dans presque toutes les autres. Rappelons seulement qu'un des établissements de boucherie qui cherchait le plus à éblouir les yeux, il y a 25 ans, dans une des rues les plus fréquentées de Paris, a fini par une faillite.

Quant aux acquisitions d'immeubles dont on a parlé, les registres de la conservation des hypothèques répondraient mieux que tous les raisonnements à cette imputation. A l'époque où l'on cherchait le plus à l'accréditer, le vingtième seulement des bouchers de Paris faisait partie du grand collége électoral.

Mais, dit-on, *le prix des bestiaux a baissé, et les bouchers n'ont jamais réduit le prix de la viande au détail.*

Première erreur.

La haute viande se payait autrefois 16 sols le 1/2 kilo ; le prix a baissé, plus tard, à 15 sols ; et, aujourd'hui, le prix de 14 sols est le cours ordinaire des morceaux d'élite.

« *Mais, je paye, à ma campagne, durant le séjour que j'y fais, les mêmes morceaux choisis à 8 et 9 sols.* »

Assurément, il n'en est pas ainsi aux environs de Paris, où la viande d'élite se vend plus cher, parce que les forains ont tout profit à la réserver pour les marchés de la capitale. Ce ne serait pas non plus dans beaucoup de grandes villes, où la viande est également à plus haut prix, si l'on défalque des prix parisiens les frais et les droits auxquels cette denrée est soumise pour venir alimenter les étaux de la grande ville (1).

C'est dans le Midi, par exemple, qu'un riche propriétaire (qui se plaignait à nous des prix parisiens), se procure de beaux morceaux, dit-il, à 40 et 45 c. Assurément, dans des cantons éloignés d'un centre avantageux de consommation, sans commerce, sans débouchés, et réduits à vivre sur eux-mêmes, il faut bien consommer ou perdre, et le prix est subordonné à cette obligation. Les herbagers qui alimentent l'approvisionnement de Paris ne la vendent eux-mêmes, à Poissy, que 45 et 50 c.

« *Mais d'où vient donc cette différence entre le prix d'achat à 50 c. et le prix de vente à 70 c.* »
On voit que nous n'évitons aucune question, aucune réponse, même les plus naïves.

Elle vient d'abord de l'impôt et de l'octroi ;

Elle vient des frais de conduite et de nourriture des bestiaux dans les abattoirs, et des frais d'abattage ;

(1) Caisse de Poissy et octroi, 46 fr. 65. c. — Conduite, 70 c. — Nourriture de trois jours, 1 fr. 50 c. — Total 48 fr. 85 c. pour un bœuf.

Elle vient des frais généraux d'étal qui s'élèvent en moyenne, pour chaque boucher, à 10,500 fr. par an (et nous ne comptons pas, comme variables et difficiles à établir, les frais d'entretien des maîtres, de leur famille, et de leur ménage; ceux des pertes du commerce, par non payement; ceux enfin des pertes de marchandises par l'action des chaleurs ou de l'humidité):

Elle vient de la différence à retrouver entre le prix des bas morceaux et celui des morceaux d'élite.

Maintenant, notre condition est bien pire encore, par suite des dernières ordonnances.

D'après les calculs antérieurs à 1848, chaque étal pouvant débiter, en moyenne, quatre bœufs par semaine, les frais généraux se répartissaient d'une manière moins sensible sur ce débit qui, s'il ne procurait pas de grands bénéfices aux bouchers, leur assurait une aisance raisonnable. Mais aujourd'hui, que, grâce à la concurrence qu'on leur suscite sous toutes les formes, la moyenne du débit est descendue à deux bœufs par semaine, les frais généraux, qui n'ont pas varié, pèsent plus lourdement sur le prix. Nous avons offert à la commission de vérifier tous ces calculs par elle-même. Nous serons toujours prêts à subir cette expérience.

Un journal, qui vient de prêter sa grande publicité aux attaques dirigées contre nous, était plus juste il y a deux mois à peine. Il plaçait la question là où elle est réellement, dans le bon marché du revient de la production, et dans l'allégement de tous les impôts qui pèsent sur la viande, depuis la terre qui la nourrit, jusqu'à l'étal qui la débite.

Voici ce que la *Presse* publiait le 11 octobre dernier:

« Une autre considération est encore mise en avant pour prémunir le public contre un
» engouement irréfléchi: c'est que la question ne consiste pas seulement à faire manger,
» dans Paris, de la viande à bas prix, mais encore à ce que la viande livrée à la consom-
» mation soit sinon de premier choix, tout au moins bonne et parfaitement saine. Or, l'on
» prétend qu'il est fort difficile, pour ne pas dire impossible, de reconnaître si la viande
» est de bonne qualité et bien saine, une fois qu'elle a été coupée en tranches. La vente
» à la Halle offre, à cet égard, un précédent dont l'expérience ne doit pas être dédai-
» gnée; le zèle et les connaissances des inspecteurs, lorsque ces messieurs veulent bien en
» montrer, y sont tous les jours mis en défaut.

» Comme on voit, la question est encore loin d'être résolue; aussi ne pensons-nous
» pas que l'essai fait au marché des Prouvaires, quel que soit le développement qu'ait
» pris le nouveau mode d'approvisionnement, doive arrêter dans leurs études, dans
» leurs recherches, les commissions qui ont été instituées par suite d'un vœu émis l'an-
» née dernière par la commission municipale, pour indiquer le mode d'organisation de
» la boucherie le plus favorable à la consommation.

» S'il faut, du reste, dire toute notre pensée, nous avons la conviction que la solution
» de la question n'est pas dans tel ou tel système d'organisation ou d'approvisionne-

» ment. Le choix entre l'un ou l'autre ne peut être qu'un moyen accessoire. Qu'importe,
» en effet, qu'on réglemente de telle ou telle façon la vente d'une denrée? Si cette denrée
» n'arrive pas sur les marchés en quantité suffisante, tous les règlements du monde ne
» feront pas qu'on puisse la répartir entre tous et à un prix modéré. La vraie solution
» du problème, c'est donc d'accroître la production. OR, LA NOUS RENCONTRONS
» CETTE GRANDE QUESTION DE L'IMPOT QUI RENFERME CELLE NON MOINS
» IMPORTANTE DES DOUANES. »

Oui, c'est l'impôt qui est l'intermédiaire onéreux, et puisque l'administration désire
tant exonérer la viande, qu'elle commence par faire un sacrifice : est-ce au patrimoine
des particuliers à payer les expériences gouvernementales ?

Écoutez M. Desmousseaux de Givré *(Séance de la Chambre des députés du 19 août 1845)*:

« L'octroi de Paris ne rapportait pas autrefois beaucoup plus de deux millions : il s'élève
» aujourd'hui à dix-sept fois cette somme.

» Un bœuf était taxé 15 fr. Il paie aujourd'hui, droits d'abattage, d'issues, de suifs et
» de caisse compris, 43 fr. 90 c. : droit triplé.

« Une vache et un veau payaient 75 c. et 3 fr. Ils paient aujourd'hui 3 f. 80 et 11 fr. 10 c.:
» droit presque quadruplé.

» Un mouton payait 50 c. Il paie aujourd'hui 2 fr. 85 c. : droit presque sextuplé.

» DE CETTE ÉLÉVATION DE LA TAXE RÉSULTE UN PREMIER FAIT : L'ÉLÉVATION
» PROGRESSIVE DU PRIX DE LA VIANDE A PARIS. » (C'est M. Desmousseaux de Givré
qui parle.)

Après la limitation proportionnelle, qui est notre première conclusion, la seconde est
donc l'abaissement de l'impôt.

Ce sont là les deux questions fondamentales. On voit qu'elles méritent d'être discutées.

Quant à la concurrence effrénée qu'on a organisée, nous demandons qu'elle soit ramenée dans les limites tracées par l'ordonnance royale de 1829, et l'ordonnance de police
de 1830.

Le Conseil d'agriculture lui-même, qui, dans la session de 1850, semblait fort prévenu,
admettait la limitation comme un fait acquis. Nous disons plus : nous la posons comme
un droit, jusqu'à ce que la loi en ait disposé autrement.

On a prétendu, ces jours-ci, que cette urgence sous laquelle on veut étouffer notre voix,
provenait du désir qu'avait l'administration de devancer l'effet des propositions que quelques honorables représentants avaient déposées sur le bureau de l'Assemblée législative.
Ce prétexte nous semble puéril. Les solutions administratives et économiques d'une telle
importance ne sauraient devenir le prix de la course. Les représentants qui ont voulu
saisir l'Assemblée de la question, la comprennent bien ; elle revient de droit au législateur,
puisqu'il y a deux lois à remplacer ou à confirmer.

Et en effet, le remède que l'on cherche, ce n'est pas dans la désorganisation de la boucherie qu'on le trouvera. Avant un an, on reviendrait d'une erreur funeste, d'une surprise inexplicable. Le remède est dans une constitution forte de ce commerce, qui luipermett o de répondre à tous les intérêts. Les herbagers vous le diront eux-mêmes avant peu, et les désordres de la criée vous avertiront du danger contraire. Régularisez la concurrence des forains, rendez-la égale, surtout, et vous retirerez bientôt de meilleurs fruits de cette combinaison que de toute autre. C'est l'inexécution des ordonnances de 1829 et de 1830 qui a fait le mal. Ne cherchez pas d'autres causes. Le trop grand nombre de marchands a produit la cherté et l'infériorité de la marchandise, la perte par le dérèglement des achats, et la disette après l'excès. La garantie, la responsabilité, pour les producteurs, c'est la caisse de Poissy ; pour l'approvisionnement, c'est la limitation du nombre qui permet d'imposer des obligations ; pour le consommateur, c'est un débit régulier et certain dans chaque étal ; pour la salubrité, c'est une surveillance facile sur une association réglementée ; pour le bas prix, c'est un bénéfice raisonnable, assuré au boucher. En tout commerce, ce qui fait le bon marché, c'est la prospérité du commerçant. Quant à l'approvisionnement, il est assuré par le niveau d'un corps d'état ; il ne le serait pas par le caprice de la spéculation et par l'insolvabilité des chercheurs d'aventures.

Avec la limitation, nous supportons des servitudes que nous avons énumérées ; nulle profession n'a autant d'obligations à remplir que la nôtre ; on l'a vu.

Avec la liberté, nous espérons, et M. H. Say, le chef d'école de la liberté absolue, l'espère comme nous, qu'on nous affranchirait de toutes ces gênes et charges, sauf en ce qui concerne la salubrité.

La salubrité seule impose des règles aux épiciers, aux pharmaciens ? Cela va de droit. Quant à leurs achats, leur assigne-t-on un marché pour acheter leur sucre, leur café ? les force-t-on d'en déposer le prix d'avance sous forme de cautionnement ? les oblige-t-on de tenir leur boutique ouverte et garnie ?

La boucherie serait-elle, seule, mise hors la loi.

Elle n'aurait pas la limitation de la boulangerie ?

Et on lui refuserait les libertés de l'épicerie !

Mais ces gênes, ces précautions sont utiles au bien-être et à la sécurité du peuple !

Vous voyez donc bien que si vous ne pouvez pas les supprimer, vous ne pouvez pas nous rendre libres.

Ne veut-on constituer qu'un arbitraire odieux et impraticable ? Nous protesterons.

Vienne l'Assemblée législative ! Elle étudie les questions, du moins ; nous nous fions à elle.

Faut-il indiquer (dans une extrémité que nous ne voulons pas prévoir) la question d'indemnité, en cas d'illimitation.

La justice et M. H. Say la demandent.

Le chiffre est facile à établir. On connaît la somme de nos sacrifices et la valeur de nos étaux.

Nous ne dirons pas à l'État ni à la ville : *Payez*. Nous dirons aux nouveaux venus qu'on veut jeter parmi nous : *Indemnisez-nous de la perte que vous venez nous occasionner.*

Croit-on s'en tirer avec une surélévation de cautionnement ? Mais en quoi cela réparerait-il le dommage qu'on nous causerait ?

Nous passons légèrement sur ces questions d'argent qui nous répugnent ; nous les réserverons pour le Conseil d'État, si on nous force d'y recourir !

Ce serait une grande imprudence !

Que l'Assemblée législative se saisisse de la question ; nous comparaîtrons devant ses commissions ; les herbagers y viendront aussi ; il y aura un débat contradictoire ; il y aura des faits, des chiffres, que nos adversaires actuels paraissent ignorer complétement. Il y aura surtout une controverse légale qui prouvera à quel esprit d'erreur on cédait, au risque de compromettre le gouvernement lui-même !

Décembre 1850.

Le Syndic et les Adjoints au Syndicat de la Boucherie.

LESCUYOT, *Syndic.*

VAVASSEUR,

DUVAL,

CLACQUESIN,

L. CHÉRON.

PARIS. — IMPRIMERIE CENTRALE DE NAPOLÉON CHAIX ET Cⁱᵉ, RUE BERGÈRE, 20.